高校生からのバイオ科学の最前線

iPS細胞・再生医学・
ゲノム科学・バイオテクノロジー・
バイオビジネス・iGEM

監修 石浦章一
編集 片桐友二
著者 生化学若い研究者の会

日本評論社

監修者のことば　石浦章一（東京大学大学院総合文化研究科）

このたび、気鋭の若手研究者の皆さんが書かれた最新バイオ事情のあれこれについて、中身を読ませていただき、分かりやすく書き込んであることと、これからの生命科学を背負っていく若者らしい意欲的な内容に驚き、喜んで監修をお引き受けすることにした。この本は、多くの大学院生・研究者の分担執筆なので、私の役目は全体の内容の流れの調整と間違いの指摘、そして用語の統一と受け止め、一般の方々にわかりやすい図と言葉を使うよう心掛けた。

1章は再生医療とｉＰＳ細胞の話であり、この日本発の先端医療がうまくいくと何が変わるのか、という点に焦点を当てていることが特徴である。細かいメカニズムより研究の意義や研究の発想などが書かれてあるのがいい。若手の人たちも、自分たちの時代がきた、というタッチで臨んでいるのが良くわかる。２章は遺伝子工学という名のバイオ技術の紹介で、やはりここがわからないと全体像がつかめない。ＤＮＡに親しんでいただこう。３章はゲノム科学で、最新のシーケンサーから得られる大規模なデータが何を意味するのか、生命科学を話題にするなら、避けて通れない最新の話である。この後、バイオビジネス、生命倫理と進むが、若者らしい見方がうかがえて、ここも興味深く最後まで読みとおした。また、ｉＧＥＭという若手の合成生物学コンテストの話も、是非、読んでもらいたい。

はじめに

21世紀は「生命科学の世紀」とよばれています。それは、生命科学が私たちの生活にますます身近になり、健康や経済活動、そして倫理的な問題にまで幅広く関わるようになるからです。そして、その変化は急激に訪れようとしています。

このような急激な変化の中、これから進路を決める高校生はもちろん、生命科学に興味をもつ大学生や社会人にとって重要なのは、「最新の生命科学のエッセンス」を理解することです。みなさんは、ノーベル賞で話題の「万能細胞」や、テレビで話題になる「脳科学」はよく目につくでしょう。しかし、最新の生命科学の基礎となる遺伝子工学やゲノム科学、再生医療などについて分かりやすく解説するテレビ番組や本は、ほとんどありません。しかも、みなさんにとって本当に重要なのは、そのような基礎知識だけでなく、それが社会でどう役立てられ、またどんな問題になっているのかを知ることなのです。

本書は、みなさんに必要な「最先端の生命科学」を凝縮したエッセンスです。理科系の中高生や理科系の知識を必要とする大学生や社会人にむけて、最新の情報が噛み砕いて解説され、しかもそれが一冊にまとまっている本を目指しました。また、いくら分かりやすく噛み砕いていても、教科書のように基礎的な事柄から解説を積み上げてしまっては、退屈で眠たくなる本になってしまいます。本書は、基礎的な部分はささっと読み飛ばすことができるように、難しいけど面白い事柄を中心に解説しました。ちょっと難しいと思ったときは、どんどん読み飛ばしてください。興味を持ったところだけ読んで、後から全体を読みなおしても良いのです。

本書は2部構成となっています。第1部では、最先端の生命科学で特に進展が著しい代表的な分野を紹介します。1章では、再生医療について幅広いトピックを紹介します。ノーベル賞で注目を集めたiPS細胞だけでなく、他の重要な技術にもスポットを当て、再生医療の今を正しく理解することができます。2章では、遺伝子工学技術を扱います。生物のもつ遺伝子を工学的に改変し、有用なタンパク質を作る遺伝子工学技術は、医薬品の研究開発はもちろん、さまざまな工業製品にも応用が期待されます。3章では、ゲノム科学を扱います。生命にとってゲノムがどのように重要なのかを解説するとともに、ここ数年で爆発的に性能が向上している次世代シーケンサーの技術を紹介します。1章から3章は相互に関連していて有機的なつながりを持っています。第1部を読むことは、さまざまな生命科学の最先端トピックを理解する助けとなるでしょう。

第1部とそれに続く第2部の間に番外編として、合成生物学に魅了された女子大学生の奮闘劇がドキュメンタリータッチで描かれています。これは実在の学生の体験談をもとにした創作ですが、世界に挑戦する彼女のリアルな姿を感じとってください。

第2部では、最先端の生命科学と社会との関係を扱います。急速に発展する生命科学において重要なのは、将来起こりうるビジネスチャンス、あるいは生命倫理の問題について、早くから議論を進めることです。4章ではバイオとビジネスをテーマに、バイオテクノロジーが今後どのように産業応用されるのかを議論します。5章では生命倫理をテーマに、バイオテクノロジーが作りだす食料の安全性、そしてゲノム科学の医療応用や個人情報の問題を議論します。第2部を読むことで、最先端の生命科学をより身近に感じることができるはずです。

本書は、最先端の生命科学に挑戦する新進気鋭の若手研究者たちによって書かれました。扱ったテーマは、彼らが研究現場で「面白い」と感じたものばかりです。本書を読み進めながら、若手研究者とともに生命科学の面白さを実感してください。

編集　片桐友二

高校生からの

バイオ科学の最前線

iPS細胞・再生医学・
ゲノム科学・バイオテクノロジー・
バイオビジネス・iGEM

CONTENTS

第①部
生命科学の最前線

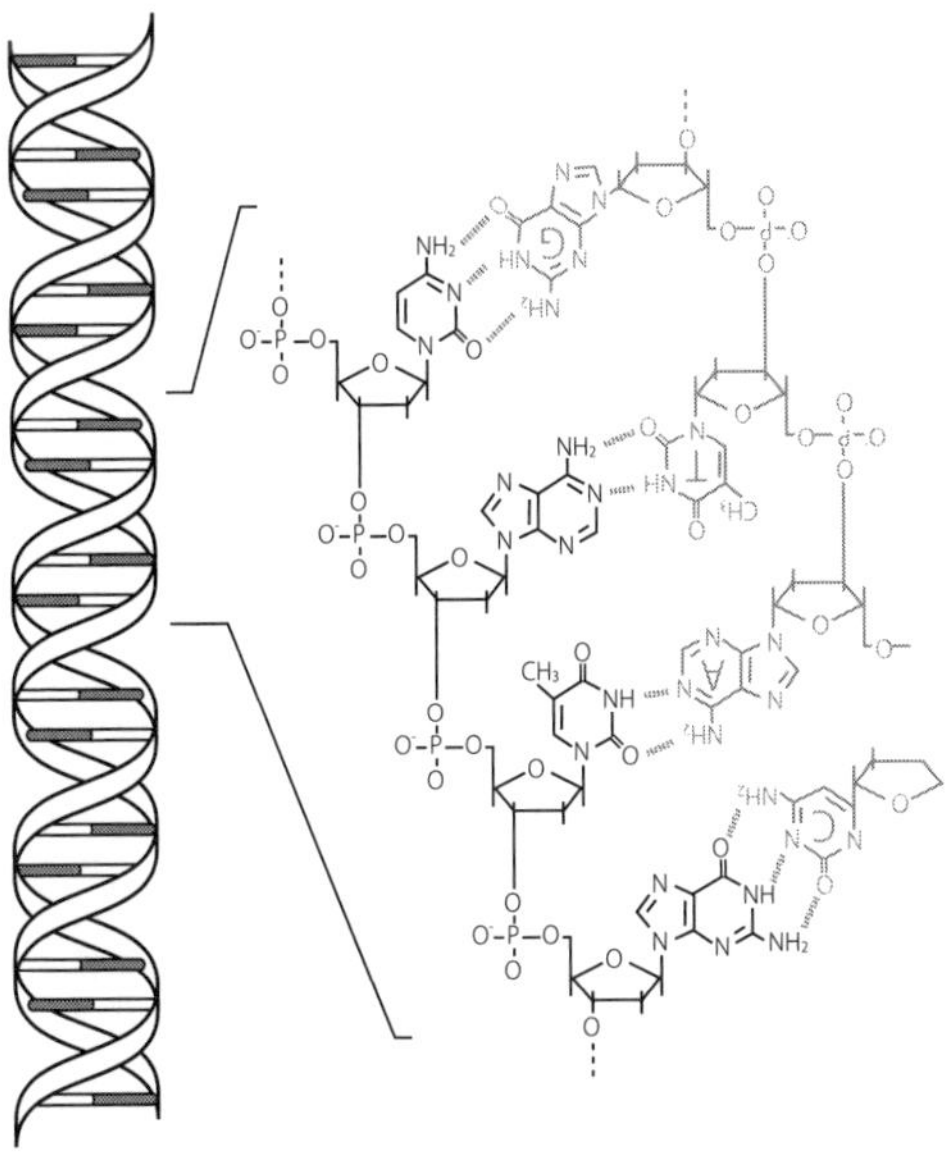

①再生医学の夜明け

「京都大学の山中伸弥教授、ノーベル賞！」

2012年10月8日、日本人ノーベル賞受賞のニュースが列島を駆け巡りました。受賞理由は細胞のリプログラミング（初期化）で、人工多能性幹細胞（iPS細胞）の開発で有名になった研究です。しかし、山中教授が世間を驚かしたこの研究を発表したのは、そう遠い昔ではありません。つい最近の出来事なのです。

「京都大学の山中伸弥教授、人工多能性幹細胞を開発」

2007年11月20日、山中教授の研究成果が世界の注目を集めました。ついに、大人の皮膚の細胞から、人工多能性幹細胞（iPS細胞）の作製に成功したのです。これによって、「再生医学の実現」がいっそう現実に近づいたといえます。それも日本発の、日本人による研究です。今、日本はバイオテクノロジー分野で欧米に大きく遅れをとっているといわれています。そんな中、このような研究成果を日本から出すことができ、日本人としても大いに勇気づけられたことでしょう。再生医学は、いまや日本が世界をリードできる研究分野となったのです。

さて、ノーベル賞の栄誉に輝いた「iPS細胞」ですが、すでに多くの人がニュースや科学記事などで目にされていることでしょう。2007年の発表当時から現在に至るまで、iPS細胞関連のニュースは常に世間をにぎわせてきました。もちろん、日本のさまざまな大学や研究機関でも世界最先端の研究がおこなわれています。たとえば、損傷したマウスの脊髄をiPS細胞で治療する研究（慶應義塾大学）や、iPS細胞から精子や卵子を作ってしまう研究（京都大学）などが有名です。いまやiPS細胞は、再生医学の発展に欠かせない存在になっているのです。

とはいえ、そもそも再生医学とはどんな学問なのでしょうか？　なぜ、iPS細胞が重要なのでしょうか。未来の再生医学は、どういう方向に進んでいるのでしょうか？　国民の多くが再生医学に大きな期待を持つとともに、不安や疑問も持っていることと思われます。そのような疑問に答えるためには、山中教授とノーベル賞を共同受賞したジョン・ガードン博士（ケンブリッジ大学名誉教授）の研究を考える必要があります。

ガードン博士は50年も前に、カエルのクローンを作った人でした。高校の生物の教科書にも登場する、とても有名な実験です。実は、最先端のiPS細胞の研究と、カエルのクローンの研究は、それぞれが再生医学の基礎を理解する研究としてつながっているのです。これが理解できると、なぜｉＰＳ細胞が重要なのか、そして未来の再生医学がどういう方向に進むのかについて、考えることができるようになるのです。

もちろん、再生医学に重要なのはカエルのクローンの研究だけではありません。本章では、ノーベル賞受賞によって注目を集めているカエルのクローンやｉＰＳ細胞だけにとどまらず、自然に臓器や器官を再生してしまう生物の紹介から最先端の応用研究まで、非常に興味深い現象をさまざまな角度から紹介していきます。

再生医学とは？

「再生医学」には、「組織工学」と「幹細胞生物学」の2つの分野が存在します。「組織工学」とは、人工皮膚に代表されるようなセラミックスやポリマーなどの人工的な物質を利用して、組織や臓器の再生を促進する技術です。もう一方の「幹細胞生物学」は、ノーベル賞で注目を集めた「ｉＰＳ細胞」を始めとした「幹細胞（stem cell）」を用いて、組織や臓器の再生を行う技術です。これらの技術によって、これまで治療することが困難であった病気や、脊椎損傷などの大けがから回復できる可能性が飛躍的に高まりました。

失われた組織を取り戻すことをめざしたこの「再生医学」は理学・工学・医学の研究を融合した新しい分野で、現在大きな期待が寄せられています。

組織の再生

再生する動物

前項「再生医学とは?」で触れたように、「再生」という現象は多くの動物でみられることが知られています。ここではそのうちのいくつかを紹介します。

①プラナリア

皆さんはプラナリアという動物をご存じでしょうか? プラナリアは扁形動物と呼ばれる動物グループの仲間で、日本では比較的きれいな河川、湧水などに生息しています。外見はのっぺりとしていて単純な構造に見えますが、実は私たちヒトと同様に脳や消化器官など、複雑な機能をもった組織から構成されています。

そんなプラナリアですが、実は体がちぎれてしまったとしても、残った体の一部から全身を再生する、というすごい再生能力をもっているのです。では、その断片から全身を完全に再生できる秘密は、どこにあるのでしょう。実はプラナリアの全身には、「幹細胞」と呼ばれる特殊な細胞が散らばっているのです。「幹細胞」についての詳しい説明は後の項で述べますので、ここでは再生の〝鍵〟となる細胞と考えてください。この〝鍵〟となる細胞が、高い再生能力につながっているのです。

② イモリ

私たちヒトを含む脊椎動物のグループは、幼児期にほんの少しだけ再生能力をもつことは知られています。しかし、ヒトは腕を丸ごと再生させる、なんてことはできません。でも、そんな芸当をいともたやすくできてしまう、すごい脊椎動物の仲間がいます。イモリです。

イモリは両生類と呼ばれる動物グループの仲間で、小川などに生息しています。イモリの脚を切断すると、その切断面に「再生芽」と呼ばれるふくらみが形成されます。このふくらみが成長することで、失われた脚が再生されます。しかしこの再生芽の形成についてはまだ謎が多く、先ほどプラナリアのところで述べた幹細胞が関わっているかどうかも、いまだに明らかになってはいません。

図 1-1　イモリとプラナリアの再生

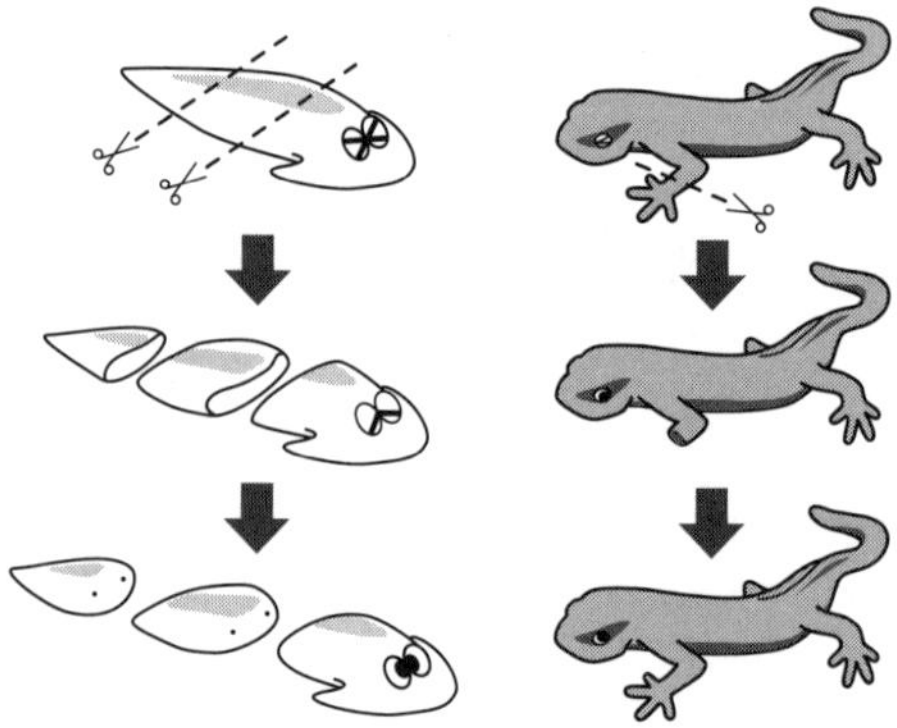

再生する臓器（ヒトの場合）

ヒトでも限定的ではありますが、体のある部分において再生という現象がみられることは知られています。ヒトの体で再生することが知られる臓器（組織）をいくつか紹介しましょう。

①皮膚

私たちの皮膚の細胞は、日々再生していることをご存じでしょうか。古い細胞が死に、新しい細胞と入れ替わるため、これも広い意味では再生と考えられています。皮膚は大きく分けて表面から順番に、表皮・真皮・皮下組織がまるで何枚も重ねたサンドイッチのように層状に存在しています。表皮の組織は、数十日のサイクルで皮膚の表面から脱落していきます。これが、〝垢〟の正体です。その脱落した細胞を補うように分裂、増殖して表皮細胞に変化するのが、表皮の最下層で控えている細胞の集団です。これもまた幹細胞の一種で、基底細胞とよばれています。皮膚では何もしなくてもこのような細胞の新生が繰り返されてい

図 1-2　皮膚の再生

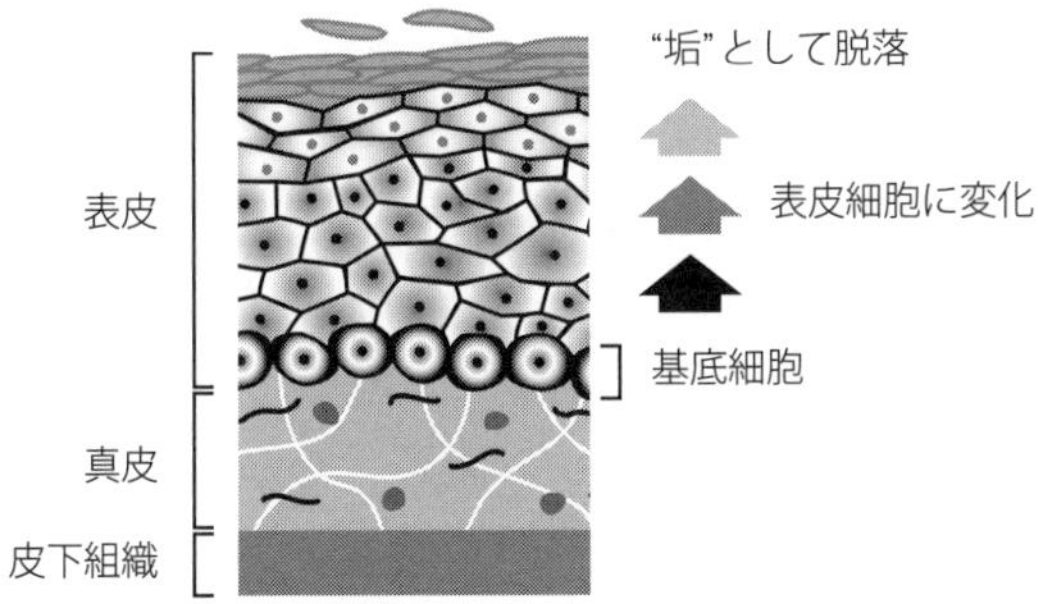

ますが、もちろん傷ができたときに起こる表皮の再生にも、同じような機構がはたらいています。

②肝臓

肝臓はヒトの体内で一番大きな臓器です。手術などで患部を切りとられて小さくなった肝臓も、時間とともにもとの大きさに戻ることが知られています。これにもやはり、肝臓の幹細胞がはたらいています。(肝臓の細胞を「肝細胞」と呼びますが、「幹細胞」と同じ「かんさいぼう」という発音に注意しましょう)

肝臓の幹細胞からは、肝臓の機能に必要なすべての細胞が生み出されます。ですから、たとえ肝臓はその大部分を失っても、幹細胞が残っている限りはその機能を回復させることができるのです。

③その他の再生する臓器(組織)

爪、髪の毛、骨、小腸、神経、筋肉、血液などは、再生する臓器(組織)として知られています。しかし、どの組織の再生にも限界があり、自然の状態ではプラナリアやイモリのように体全体はもちろんのこと、臓器や指一本も完全に再生することはできません。

以上のようにヒトの体でも再生の現象はみられます。それには「再生の鍵となる細胞=幹細胞」が大きな役割を担っていることが明らかとなっています。しかし、それらの細胞はそれぞれの臓器（組織）での〝専門〟の幹細胞（組織幹細胞）であり、その組織以外の組織の再生ではたらくことはないのです。たとえば、肝臓の幹細胞は肝臓の細胞にはなっても、神経細胞になることはできないのです。

COLUMN

再生を利用した医療技術——臓器移植

「臓器移植」とは、致命的な疾患や損傷を受けた臓器を除去し、他人の臓器に丸ごと移し変える医療方法のことです。これは再生医学の中でも、最も初期の段階で実用化された方法であるといえます。

ただしこの臓器移植には多くの問題点が存在します。第一に、移植手術の難しさです。臓器を取り出して、他のものと繋ぎ直すという技術はとても難しいものです。うまく体内に収まったとしても、その臓器が機能しなければ意味がありません。

第二に、臓器の提供者（ドナー）の不足です。新たな臓器を求める患者（レシピエント）に対して、提供者は都合よく現れません。体の中に二つある腎臓のように、片方を失っても生存自体には支障のない臓器も存在しますが、多くの場合は失うと生きてはいけないものばかりです。ですから、ほとんどの場合は生きている人の臓器を使うわけにはいきません。つまりはすでに亡くなった、それも死後の時間があまり経過していない提供者の存在が必要となります。

第三に、移植後の拒絶反応の問題もあります。拒絶反応とは、ヒトのもつ免疫力により起こるものです。免疫とは、体内に自分とは異なる異質なものが入り込んできた際に、それを攻撃して排除するためにある体の防御システムです。他人から移植された臓器は、異質なものとして体が判断してしまう場合があります（免疫システムの拒絶反応）。最悪の場合は、せっかく移植した臓器が適合せず、患者が死んでしまうこともあります。したがって現在では、拒絶反応をいかに制御できるかという点が、臓器移植を行う上で最も重要な課題となっています。

先に述べたｉＰＳ細胞や、この後に述べるＥＳ細胞を用いた再生医学の発達によって、今後この問題が解決されることが期待されています。

組織の発生と分化

人間の体はどのようにして作られるのか？

私たちはみな、受精卵というたった一つの細胞から生まれました。初めは、直径0・2ミリに満たない受精卵ですが、幾度も分裂を繰り返して、徐々に体を形作っていきます。このような受精卵から一人の人間の体が形成される過程を「発生」といい、その姿を「胚」と呼びます。

受精卵の初期の分裂では、細胞の集団の大きさはそのままに、細胞内が仕切られていくように分裂します。このような分裂が繰り返されることで、受精から3日目には、分裂した細胞がラズベリーのような形をした桑実胚《そうじつはい》になります。桑実胚を形成する細胞数が100個程度を超えると、次なる変化が始まります。細胞内部に空洞ができ、それまで均一であった細胞の集団は、役割分担を担うために初めて二つの集団へと分かれます。これは胚盤胞と呼ばれる段階で、空洞の部分に存在する「内部細胞塊」を、外側の「栄養外胚葉」が覆っています。「内部細胞塊」は胎児になる細胞集団で、「栄養外胚葉」は、胎盤など胎児の成長を助ける役割を果たす組織になる細胞集団です。

栄養外胚葉が子宮にくっつくと、内部細胞塊はさらに三つの細胞集団に分かれます。それぞれの細胞集団はそれぞれ「内胚葉」「外胚葉」「中胚葉」と呼ばれ、これらをまとめて「三胚葉」と呼びます。

それぞれの胚葉は、その後にどのような細胞になれるかが運命づけられています。内部細胞塊の段階では、細胞はどのような種類の細胞にもなれたはずです。しかし、三つの胚葉に一度分かれてしまうと、もはや別の胚葉から作られる細胞になることはできなくなります。このように、ある細胞が特定の機能や形を持つ細胞に変化していくことを「分化」といいます。

また、さらに同じ胚葉の中でも細分化が進みます。細胞は分化が進むにつれてより専門的な機能を果たす細胞へと細分化され、最終的にはもう別の細胞には変化できなくなってしまいます。つまり、同じ外胚葉由来の皮膚の細胞であっても、もはや神経の細胞は作れないのです。

図 1-3　三胚葉の分化

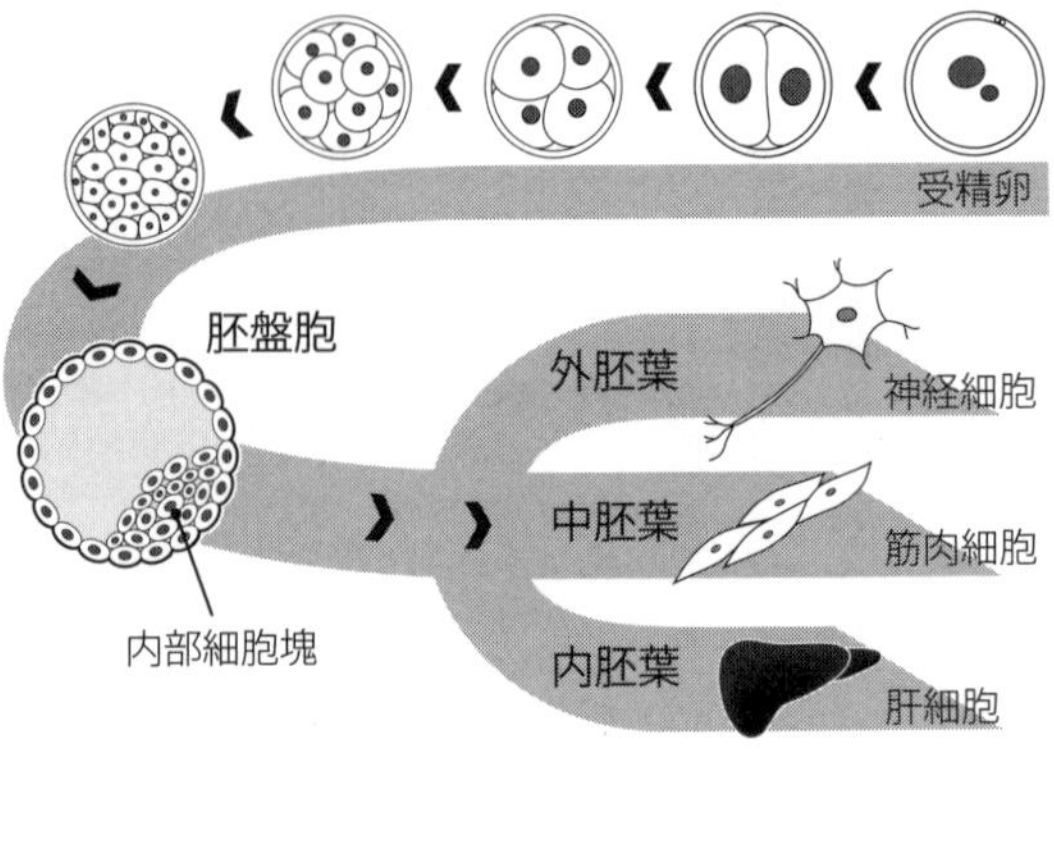

こうして、受精卵から生まれた組織は三つの胚葉に分かれ、その後さらに細分化しながら

からだのさまざまな働きを担う器官を形成していき、そして一つの個体ができあがります。私たちはこのようにして、初めはたった一つの細胞であった受精卵から、約9か月後には身長50センチメートルほどの新生児となり、母親の胎内から生まれてきたのです。

分化のカラクリは遺伝子のスイッチ

ところで、もともとは同じであった細胞は、どのようにしてさまざまな細胞に変化することができるのでしょうか。細胞の中にはDNAという物質があり、そこに親から子へと伝えられる遺伝子と呼ばれる情報が記録されています。このような遺伝子の記録されたDNAのまとまりを、ゲノムと呼びます。私たちの体には細胞がなんと37兆個もありますが、細胞分裂を繰り返す際には、ゲノムは複製され各細胞に分配されるため、私たちの体にある細胞のゲノムはすべて同じです。それにも関わらず、分化し多様な細胞を生み出すことができるのは、遺伝子の働きを制御する機構に違いが生じるからです。細胞の中には遺伝子の発現をオン／オフするスイッチのような機構が存在して、遺伝子が機能するかどうかを決めています。分化を起こす際には、分化を誘導するタンパク質あるいは、特定の機能を果たすためのタンパク質を作る遺伝子のスイッチがオンになり、その一方で、不要な遺伝子のスイッチがオフにされています。つまり、タンパク質生産ラインのスイッチを入れ替えることが、多様な細胞へと変化するカラクリなのです。

どこまで、違う細胞に変化できるか？

一度分化が進んでしまうと、異なる細胞に分化する能力は下がっていきます。この能力は、どれくらい異なった細胞に分化できるかによって、「全能性」、「万能性」、「多能性」の三つに分類されています。「全能性」とは、今後どのような細胞にでもなることできる細胞で、自律的に個体を作ることができるものを指します。つまり、このカテゴリーに分類されるのは受精卵しかありません。

「万能性」とは、発生初期の細胞には変化することはできないが、体のあらゆる細胞に分化できる細胞のことを指します。胚盤胞の内部細胞塊からできたため、胎盤に分化することができないＥＳ細胞がこれにあたります。一方、万能性を持つ細胞から、さらに分化が進んだ細胞で、限定された複数の細胞に分化できる性質をもつ細胞を、「多能性」とよびます。組織幹細胞や、造血幹細胞がこれにあたります。混乱しがちなのがｉＰＳ細胞です。日本語では「人工多能性幹細胞」とよばれていますが、万能性の性質を持っています。

いろいろな幹細胞

日焼けした肌ももとに戻る

真夏の海水浴で日焼けをしても、時間がたてば肌の色はもとに戻ります。これは、肌の細胞が新しく入れ替わっているためです。日焼けの例のみならず、私たちの細胞は古いものが新しいものと入れ替わることで新鮮さを保つことができています。たとえば、髪の毛や爪はのびますし、古くなった皮膚は垢として落ちます。このような細胞の交換のために新しい細胞を供給するのが「幹細胞」と呼ばれる細胞です。

幹細胞は二つの条件を満たす特別な細胞です。一つは、分化しきっておらず、自分とは異なる形態や機能をもつ細胞を作り出せることです。もう一つは、分化する能力を維持したまで分裂し、自分と同じ性質をもった細胞も増やすことができる能力です。この二つの能力を持っているおかげで、幹細胞は消えることなく、新しい細胞を生み出し続けています。

幹細胞を探し出す

私たちの体に存在して、新しい細胞を供給している幹細胞は体性幹細胞と呼ばれています。この体性幹細胞は、私たちの体の頭のてっぺんからつま先までいたるところに存在していま

す。それぞれの体性幹細胞は、分化できる細胞が決まっています。（図1-4）

体性幹細胞は体のあちこちにあるのですが、これを見つけだすのは非常に骨の折れる作業です。なぜなら、各組織内の幹細胞の数は極めて少ないうえに、特定の刺激が入るといきなり分化を開始して、性質の異なる細胞に変わってしまうからです。幹細胞は、とても変幻自在な細胞なのです。「さっきまであったのに、消えて（変わって）しまった」ということが実際に起こってしまいます。また、幹細胞と似た細胞として、「前駆細胞」という種類の細胞の存在が、この捜索をさらに困難にします。前駆細胞とは、体性幹細胞が最終的な細胞になるまでに変化する、中間体の細胞です。幹細胞のように他の細胞に分化可能ですが、限られた回数しか分裂できないことが特徴です。このような困難な状況において、幹細胞を探す技術として「フローサイトメトリ」が広く利用されています。

図 1-4　体の中の幹細胞

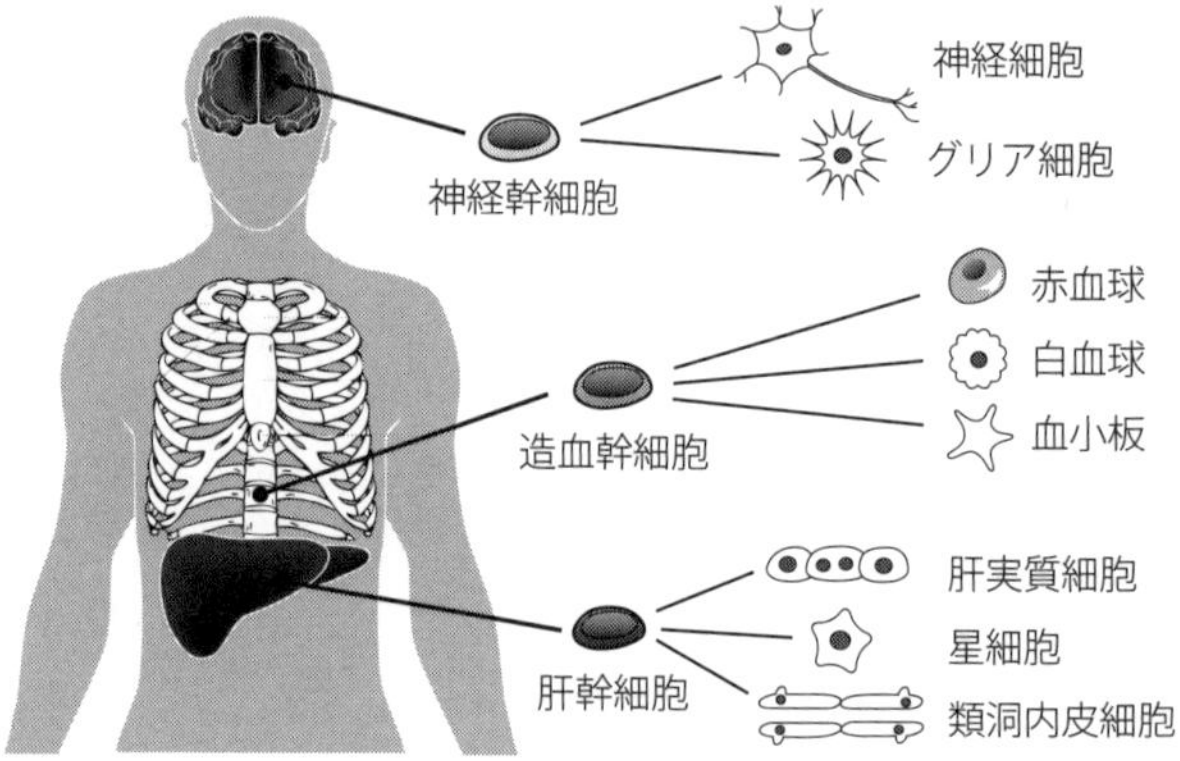

フローサイトメトリでは、細胞を細い管の中で流します。このとき、細胞一つ一つにレーザー光線を当てて、その反射光を解析します。細胞の種類や形によって反射の度合いが変わりますので、それを指標にして細胞の種類を特定します。フローサイトメトリを使うことで、いろいろな細胞集団を、細胞の大きさや細胞の形で分類したり、特定の種類の細胞だけを取り出したりすることができます。分類の難しい幹細胞も、この技術を使うことで解析することができるようになるのです。

幹細胞を利用した治療

体内に存在している幹細胞は、治療に役立てることも可能です。たとえば、骨の内部（骨髄）で血液を作っている細胞である造血幹細胞は、早くから血液の〝がん〟（白血病）の治療に利用されていました。これは、血液のもととなる、血小板、赤血球、白血球など血液や免疫に必要な各種細胞に分化する幹細胞です。この幹細胞を使って、１９６５年には小児白血病患者が骨髄移植によって治癒したという事例があり、非常に早くから医療に

図 1-5　フローサイトメトリ

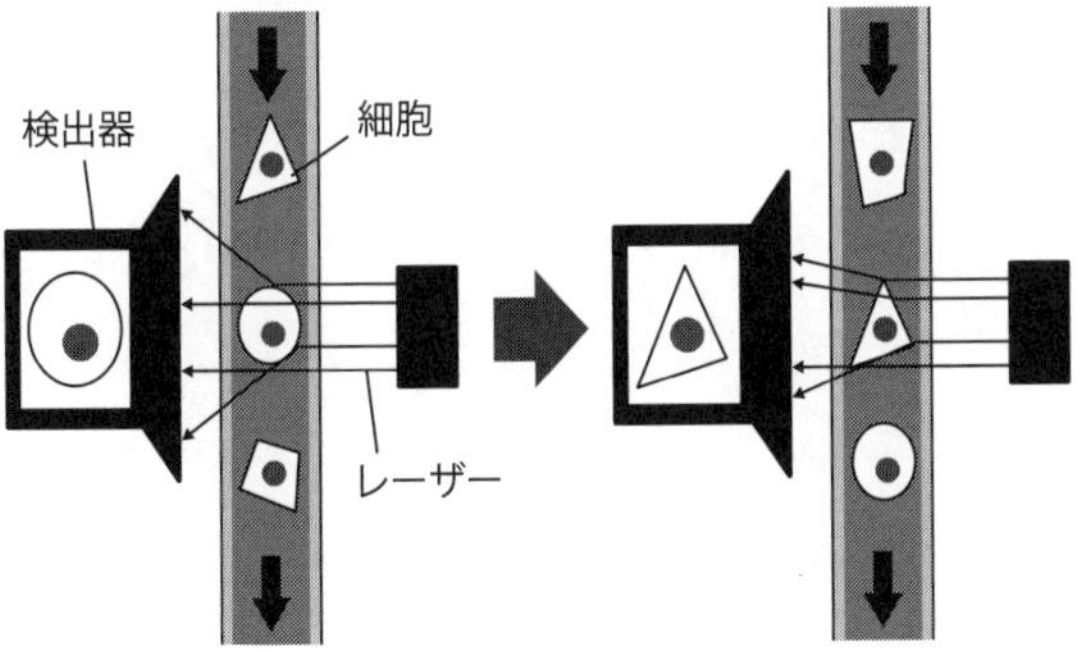

応用されていました。これは骨髄に含まれる造血幹細胞の働きによるものです。

〝万能細胞〟の発見

胚以外の万能細胞の発見

ここまで、体中の組織にはそれぞれ専門の幹細胞が潜んでいることを見てきました。しかし、それぞれの幹細胞は各自が担当する組織の細胞にしかなることができません。生きている患者から組織の中の幹細胞を見つけることは難しく（たとえば、脳の神経細胞の幹細胞を探すために、患者の脳をカパッと開けるわけにはいきません）、複数の組織の細胞に分化させることのできる〝万能細胞〟の発見が強く求められていました。そして今、臨床応用に最も近いその細胞は、ＥＳ細胞（胚性幹細胞）とよばれる、胚由来の細胞です。

ＥＳ細胞について説明する前に、一番初めに発見された胚由来以外の万能細胞について触れておきましょう。

約50年前、発生学者であったスティーブンソン博士はとあるマウスに注目します。このマウスが、睾丸に大きな腫瘍をもつことを発見したのです。このマウスを解剖してみると、腫瘍の中には皮膚や骨、筋肉の一部など、さまざまな組織の細胞が混ぜこぜにつまっていることが分かりました。この腫瘍は「テラトーマ」と呼ばれました。腫瘍になってしまう原因を探る中で、彼はこの中に未分化な細胞が含まれていることに気がつきました。そして研究を進めるうちに、この未分化な細胞は胚の中の細胞が、「がん化」してできたものだということをつきとめました。この細胞は、がん腫瘍細胞（ＥＣ細胞）と名づけられ、研究材料として大いに関心が寄せられることになりました。

しかしながら、ＥＣ細胞はがん細胞であることから、染色体の数に異常が見つかりました。この欠点を克服する細胞が必要だという認識が、次第に高まっていきました。

ＥＳ細胞の発見

ＥＣ細胞の欠点を克服した細胞として、１９８１年にイギリスのエヴァンス博士とカウフマン博士がＥＳ細胞（Embryonic Stem cell ＝ 胚性幹細胞）を発見しました。エヴァンス博士らは、精子と卵子が合体（受精）してまだ間もない時期（３・５日目）の胚盤胞を取り出しました。そしてその中にある内部細胞塊を取り出して、培養皿上での培養を試みました。培養によって増殖した細胞をまたさらに分離し、さらにその子孫の細胞を培養する、という実験を繰り返しました。これを継代といいます。これによって、正常な細胞の核を維持したまま、ほぼ無制限に増殖し続ける細胞が作られました。彼らがこの細胞を別のマウスのある組織に注射すると、前述のＥＣ細胞と同様に、三つの胚葉を含む腫瘍（テラトーマ）ができました。つまり、注射した細胞はさまざまな細胞に変化することができる、多能性を示したわけです。

さらに彼らは、黒いマウスから取り出して作ったES細胞を、白いマウスから得た胚盤胞の空洞部分に打ち込みました。この胚盤胞をマウスの子宮に戻し、出産をさせると、白と黒の細胞をまだらに持つキメラマウスが生まれてきました（図1-6参照）。このことから、黒いマウス由来のES細胞は、白いマウスの体のあちこちで、体をつくる細胞として機能することがわかりました。これも、ES細胞が多能性をもつ証拠の一つです。しかし、このES細胞はさらに生殖細胞を作ることができるのでしょうか。つまり万能性をもっているのかが、次に問われたのです。

この問いに答えるために、今度は白いマウスとキメラマウスで子供を作らせる実験がおこなわれました。もし、黒いマウス由来のES細胞から生殖細胞を作ることができなければ、キメラマウスの子供は全て白いマウスになってしまうはずです。なぜなら、もともと存在した白いマウス由来の生殖細胞（精子か卵子）からしか子供は生まれないからです。しかし、生まれてきた子供の一部はなんと、茶色のマウスでした。これは、毛色において優性な黒いマウスと劣性な白いマウスの雑種が生まれたことを意味します。つまり、黒いマウス由来のES細胞はキメラマウスの体の中で生殖細胞を作ったことになります。このことから、ES細胞は精子と卵子という生殖細胞を含む、体をつくるあらゆる細胞になることができる万能性を持つことが示されたのです。

COLUMN

ノックアウトマウスの作製

エヴァンス博士とカウフマン博士のキメラマウスの実験では、白いマウスと黒いマウスを使いました。これを応用すると、特定の遺伝子を欠損させたマウス＝ノックアウトマウスを作ることができます。

ＥＳ細胞を培養しているとき、遺伝子組換え技術を使って狙った遺伝子を改変する

図 1-6　ノックアウトマウスの作製

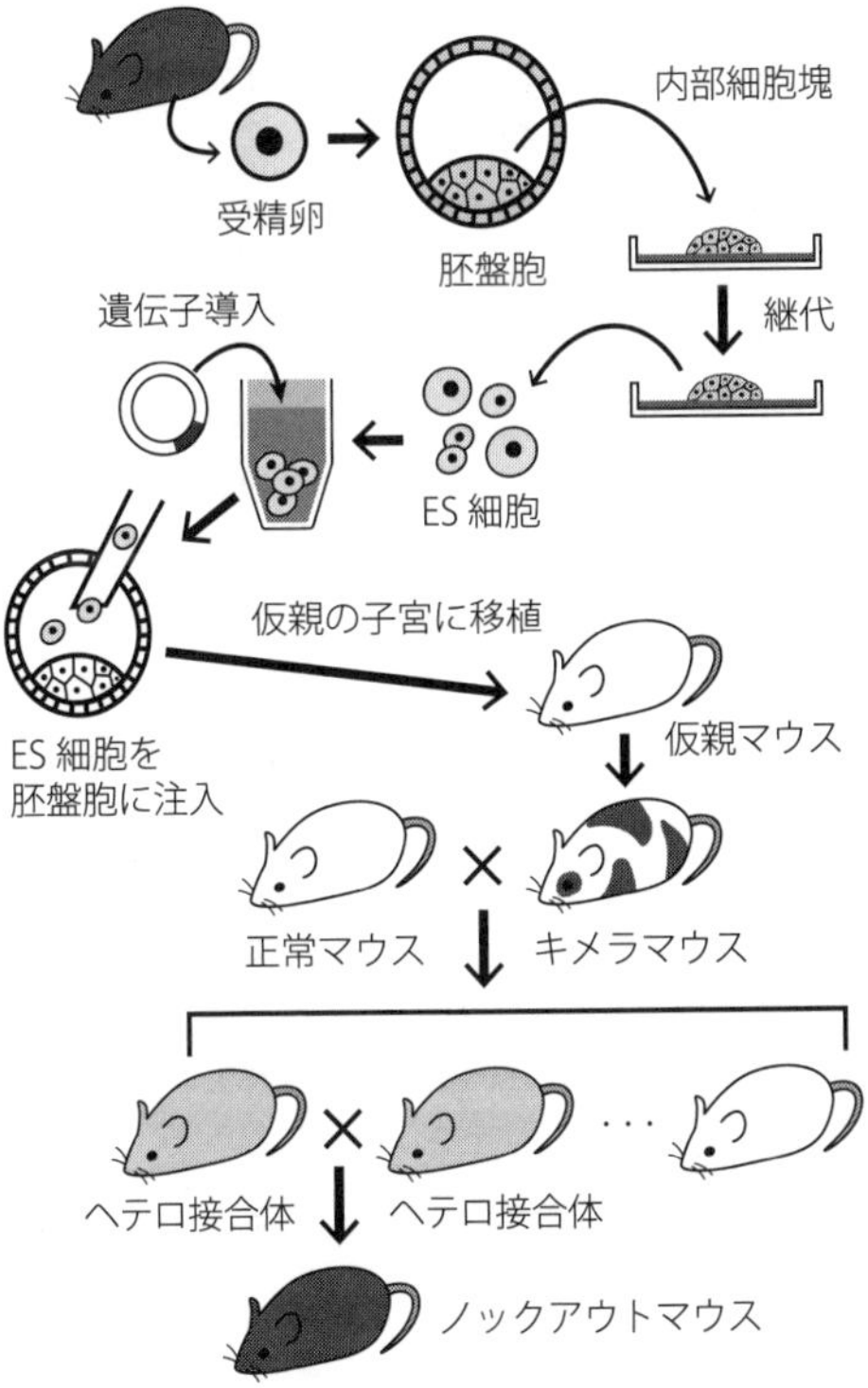

ことができます。そうして作ったES細胞を胚盤胞に戻してキメラマウスを作り、さらにそのES細胞由来の生殖細胞を作ることができれば、その生殖細胞から生まれたすべての子孫に遺伝子の改変が伝わります。このノックアウトマウスのつくり方は、特定の遺伝子の機能を調べるために世界中の研究室で応用されています。

ヒトES細胞の構築

ES細胞の実験は図に描くととても簡単そうに見えますが、実際にはとても難しい実験です。ES細胞を実験に用いるには、まずはES細胞が分化しないという条件を発見する必要があります。実はES細胞の研究はここが一番難しいのです。適した条件を整えなければ、とりだした内部細胞塊は、そのまま培養してもすぐにさまざまな種類の細胞に分化してしまいます。マウスの場合は、マウスES細胞が分化しないようにする成分の入った培養液を用いて、辛抱強く細胞の培養と分離を繰り返すことで成功させることができました。同じ操作をすれば、ヒトの細胞でもES細胞が作れるように思えますが、じつはそう簡単ではありませんでした。ヒトES細胞が作られたのは、マウスに遅れることなんと17年、トムソン博士のグループの論文を待たなければなりませんでした。

彼らが用いたのは、不妊治療の目的でおこなわれた人工受精の際に、不要となった胚でした。人工受精では、精子と卵子を体の外で人工的に合体（受精）させます。これによって複数の受精卵が作製されますが、その中から最も状態の良いものを母親の子宮に移植し、残りは予備として凍結保存されます。通常、この凍結胚は出産が無事に成功すれば、廃棄されます。彼らは両親の同意を得て、この破棄される運命だった凍結胚を使って実験を試みました。

彼らはまず、マウスの胎仔《たいじ》から、結合組織の細胞を分離しました。これは筋肉や皮膚の構造をつくる細胞の一種で、「線維芽細胞」と呼ばれるものです。これを、まるで床に絨毯を敷き詰めるように、培養皿の底に敷き詰めました。この絨毯のように敷き詰められた状態の細胞を、「フィーダー細胞」とよびます。

フィーダー細胞は、細胞の増殖をコントロールする成分を出しています。この成分によって、ＥＳ細胞が他の種類の細胞に分化することなく、増殖できるようになりました。トムソンらのこの発見によって、ヒトＥＳ細胞が培養可能となったのです。

こうして構築されたＥＳ細胞は、神経や筋肉へ分化することができる万能細胞として、再生医学への利用が大いに期待されました。しかし、思い出してください。ヒトＥＳ細胞をつくるには、廃棄される運命だったとはいえ、一人の〝人間〟になることができたはずの胚を壊してしまう、という操作が必要です。そんなことは、許されることなのでしょうか。

ヒトの胚を扱うＥＳ細胞の研究は、大きな倫理的な問題も生み出しました。〝ヒト〟はいつから〝人〟になるのか。人になる可能性をもつ胚を壊すことは、人を殺すことに他ならないのではないか。ＥＳ細胞の登場によって、新しい生命倫理の問題も議論されるようになったのです。アメリカではブッシュ政権時代、ＥＳ細胞の研究に連邦予算が使えないという政治問題にもなりましたし、キリスト教を重んじる国や民族の間でも大きな問題として扱われるようになりました。しかし後述するように、ｉＰＳ細胞はそういった倫理的問題を克服できる技術としても注目されています。生命倫理の問題は、５章で扱います。

ＥＳ細胞研究事情

ＥＳ細胞を用いるメリットって何？

ＥＳ細胞は無制限に増殖し、体を構成するあらゆる細胞に分化する能力を持っています。このため、ＥＳ細胞の技術をクローン技術や遺伝子解析・組換え技術と併用することで、個人の病状や遺伝的性質に合わせた医薬品や治療を施す「テーラーメイド医療」の実現が期待されています。個人からＥＳ細胞を作ることができれば、その細胞を用いた遺伝子解析、化学薬品の反応試験、移植用組織・臓器の作成が可能となり、個人の特徴に合わせた医療が可能になると考えられています。それでは、ＥＳ細胞は実際にはどのように利用されているのでしょうか。

基礎研究としてのＥＳ細胞

ＥＳ細胞は、筋肉や神経など、いろいろな組織の細胞に分化させることができます。ＥＳ細胞をつかうことで、それぞれの細胞への分化の過程を追跡することができますし、ある種類の細胞の遺伝子の網羅的な発現や、染色体とタンパク質の相互作用、あるいは染色体の状態などを調べることもできます。こうすることで、たとえば神経細胞がなぜ神経細胞になるのか、あるいは神経細胞がどういった性質を持っているのか、といったことを研究できるようになります（詳細は3章を参照）。

また、万能細胞であるＥＳ細胞は、発生生物学の研究テーマとしても有力です。発生生物学では、一つの受精卵から、どうやって体が作られていくのかを研究します。右も左も向きが決まっていない受精卵から、複雑な生物の形が規則正しく作られていく現象は、とても不思議です。一体、どのように私たちの体はできあがるのでしょう。

これを解き明かすためのＥＳ細胞の使い道としてもっとも一般的なのが、ある特定の遺伝子を欠損させたマウスを作ること、いわゆる「ノックアウトマウス」の作製です。また、遺伝子を欠損させるだけでは、その遺伝子がとても重要なものであれば「致死」となって個体が生まれてこない場合もあります。これを避けるため、遺伝子の欠損のタイミングを調節するような技術も発達しています（図1-6を参照）。

このように、ＥＳ細胞を使った研究によって、発生や人体における現象のメカニズムを、いっそう明らかにすることができます。

臨床研究としてのES細胞

世界各国で、ES細胞から分化誘導した細胞の臨床研究への応用が進んでいます。特に日本はこの分野において競争力が高く、再生・移植医療の分野を牽引しています。

①白血病などの治療

現在、白血病の治療には骨髄移植が利用されていますが、提供者（ドナー）不足の問題があります。そこで、ES細胞を提供者の代わりに使うことが検討されています。すでに、ES細胞から骨髄細胞へと分化誘導した細胞を移植に用いて、それが造血機能を持ったという例が報告されています。この研究が進展すれば、骨髄移植のドナーを探す必要がなくなる時代がくるかもしれません。

②骨折などの治療

これまで、骨や腱の損傷を修復するためには、他の部位のそれを移植するという方法が用いられてきました。最近も、米大リーグの松坂大輔投手が肘の腱を移植する「トミー・ジョン手術」をしたことが話題になりました。では、骨や腱を移植することなく、損傷個所を再建する方法はないのでしょうか。

現在、細胞の足場となる生分解性のバイオマテリアルと組み合わせて、ES細胞から骨細胞を分化誘導して、骨を再生させるという研究が行われています。ES細胞を用いれば、他の部位から移植することなく、骨や腱を再建できるかもしれません。

③ 糖尿病の治療

糖尿病は、血糖値を下げるインスリンというホルモンの機能が損なわれる病気です。インスリンを作ることができないタイプの糖尿病患者に対しては、外からインスリンを投与することで症状を軽減することができます。しかし根治療法は難しいのが現状です。

現在、ES細胞からインスリンを分泌する細胞を分化誘導することに成功しています。この細胞を、インスリンを作ることができないタイプの糖尿病患者に移植すれば、外からインスリンを投与することなく、健常人とおなじような生活がおくれるようになると期待されています。

④ パーキンソン病の治療

パーキンソン病は、脳内のドーパミン神経細胞が異常になる病気です。神経細胞から放出されるドーパミンという物質が不足することにより、発症すると考えられています。しかし、その詳細な原因はまだ不明で、完全な治療法もありません。
そこでES細胞をつかって、ドーパミンを分泌する細胞に分化誘導させる研究がおこなわれています。まだサルを用いた動物実験の段階ですが、近い将来パーキンソン病を治療できるようになるかもしれません。

このように、現在広い分野においてES細胞の利用が検討されています。ただし、ヒトへの移植に至るまではまだ時間が必要です。なぜかというと、ES細胞は患者自身の細胞からつくったものではないからです。前述したように、ES細胞は生殖医療で余った受精卵から作られた、いわば他人の細胞です。他人の細胞ですから、移植すると拒絶反応を起こす可能性があります。ですから、拒絶反応のない、つまりは患者自身の細胞から万能細胞を作ることが求められているのです。そのためには、一度分化した細胞を初期化（リプログラミング）する必要があります。そんなことは、どうやったらできるのでしょうか。

分化とは逆の初期化

初期化とは？

「分化」とは、「ある細胞が特定の機能や形を持つ細胞に変化していくこと」を指す言葉でした。この分化には、不可逆性があります。不可逆性とは、逆の反応を起こすことができないという意味です。これはまるで坂を転げ落ちながら道が枝分かれしていくようなもので、一度進んでしまった道を戻ることも、別の道に変更することも、とても難しいのです。細胞は分化が進むにつれて、徐々に特殊化していきます。そして、他の性質を持つ細胞へ変化することはできなくなります。私たちの体を構成する細胞は、ほとんどがこの分化を終えた細胞です。

前の項で述べたＥＳ細胞は、この坂道のいわば頂点にある細胞です。頂点から転げ落ちていくわけですから、どの道に進むかどうかを調節することができるのです。しかし、ＥＳ細胞はヒトの初期胚を壊すという、倫理的な問題もかかえていました。この問題には、特にキリスト教圏からの批判が強いといいます。また、他人の細胞であることから、それを使って移植をしたとしても、やはり拒絶反応の危険性がつきまといます。ＥＳ細胞はたしかに有用な技術ですが、誰に対しても、あるいはどんな文化圏でも使える技術ではないのです。

そこで出てきたのが「自分自身の細胞を多能性幹細胞につくりかえる」という考え方でした。もし、

図 1-7　分化の不可逆性

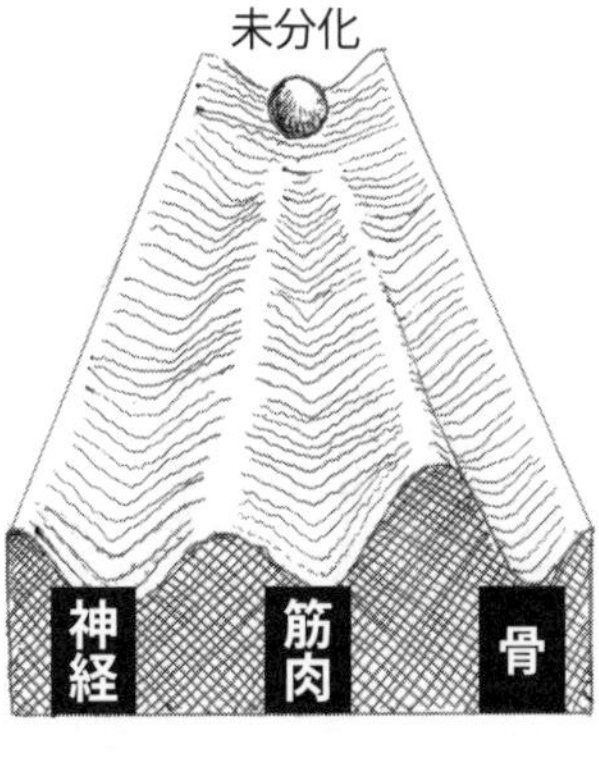

自分の細胞から多能性幹細胞をつくることができれば、初期胚を壊すこともなく、拒絶反応を起こさない夢のような臓器を作製することも可能となります。そのためには、一度分化を終えた自分の細胞を、初期胚にあった状態へ戻す必要があります。これを、「初期化」といいます。

しかし、分化の過程は、まるで坂を転げ落ちながら道が枝分かれしていくようなものでした。ヒトの体において、一度分化した細胞が自然に初期化されることは、ほとんど起こりません。しかし、唯一の例外が、受精後の生殖細胞（精子）です。この事実から、（未受精）卵の細胞質には「初期化に必要な秘密」が隠されているという考えが生まれました。

クローン技術の確立

1962年、イギリスの生物学者ジョン・ガードン博士は、アフリカツメガエルの体（腸の上皮細胞）から取り出した体細胞の核を、卵の核と置き換えました。腸の上皮細胞はもちろん分化した細胞です。しかし、この核を卵の中にいれることで、なんとその核が「初期化」するということを発見したのです。これは、「核移植技術（クローン技術）」が登場した瞬間でもありました。そしてその35年の歳月を経た1997年には、イギリスの生物学者イアン・ウィルマット博士により、羊のクローン技術が確立しました。世界初の哺乳類のクローン、クローン羊「ドリー」の誕生のニュースは世界を仰天させました。

クローンES細胞の登場

「クローン」とは「ある個体と同じ遺伝情報をもつ別の個体」のことです。ドリーの誕生により、再生医学は急速に進歩すると考えられました。核移植技術を応用することで、拒絶反応を起こさない自分の細胞由来のES細胞の作製が、理論上可能となったからです。

図 1-8　核移植実験の模式図

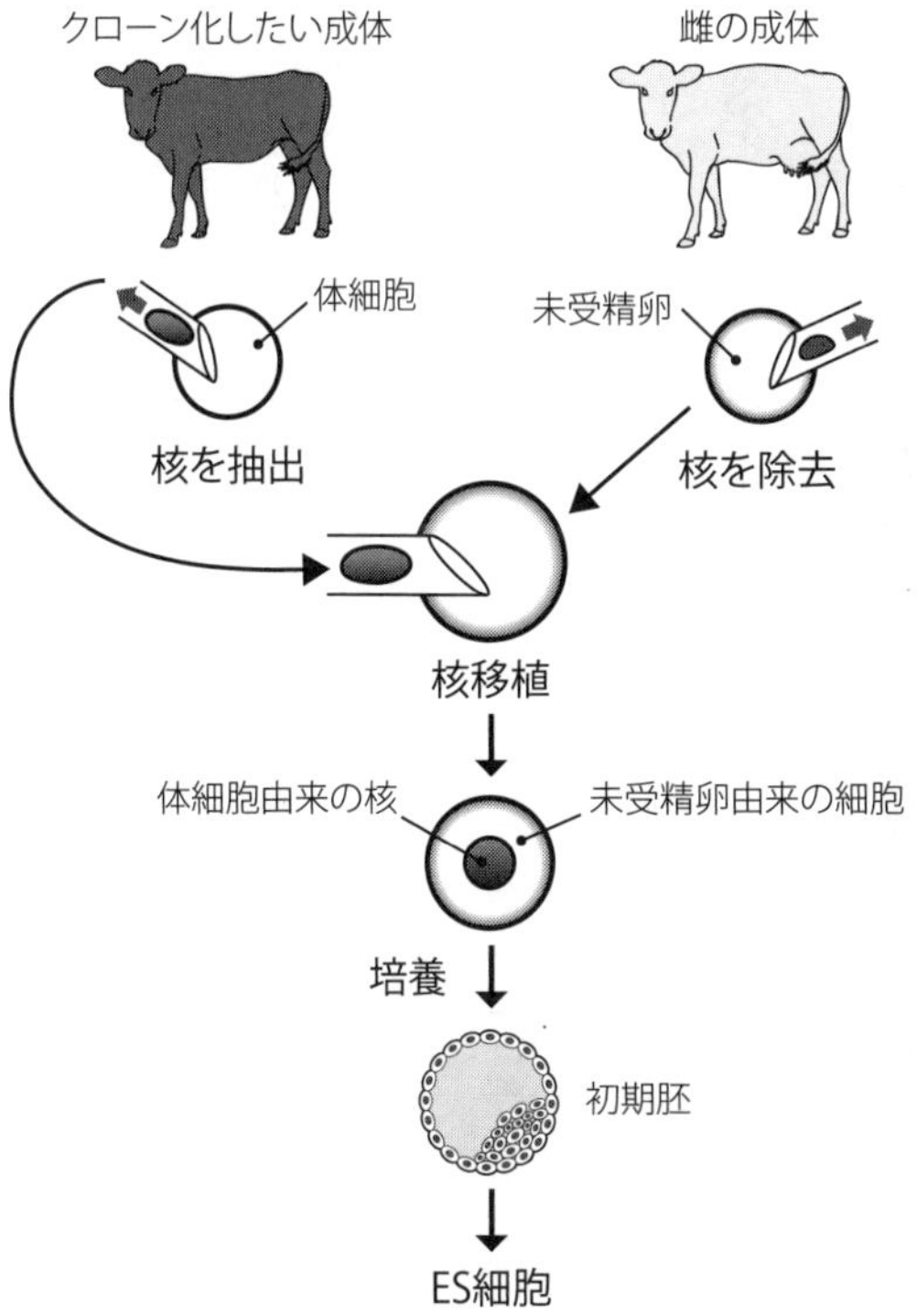

その方法は以下のようなものです。新たな臓器を求める患者から、細胞を取り出します。そして、その細胞から核を抜き出し、卵に移植します。この卵を発生させてES細胞を取り出すことができれば、拒絶反応のない移植用臓器を作ることができると考えられたのです。

このようにしてつくられた細胞を「クローンES細胞」といいます。2001年には当時ハワイ大学で研究員をしていた若山照彦博士（現、山梨大学教授）が、マウスでこの技術を成功させています。ヒトのクローンES細胞に関しては、2004年に韓国のファン・ウソク博士が成功したとの報告をしました。しかし、これは2年後には捏造であることが発覚しています。その後アカゲザルでの成功例しかありませんでしたが、2013年にオレゴン健康科学大学の研究チームによってヒトクローンES細胞の作製に成功したとの論文が発表されました。ドリーの誕生から16年目の出来事でした。

初期化に成功したiPS細胞とES細胞の違い

ノーベル賞の報道で多くの方がすでに目にしているように、現在の再生医学の中心課題は「iPS細胞」とみなされています。しかし、たとえどんなにiPS細胞が注目を集めたとしても、これまで解説してきたES細胞の研究が色あせることは意味しません。倫理的な問題はあるものの、人工的な遺伝子の組換えも行わず、遺伝子が自然な状態で万能性がはっきりと確認されている細胞は、すでに樹立しているES細胞だけなのです。現在は、ES細胞のこれまでの知見を参考にしながら、新しいiPS細胞の基礎研究がまさに緒についた段階といえます。ノーベル賞によってiPS細胞ばかりが注目されがちですが、受賞理由はiPS細胞そのものではなく、細胞のリプログラミングの発見であったことには注意しなければなりません。ES細胞や他の再生医学の研究にバランスよく力を注ぐことが重要なのです。

COLUMN

ES細胞とiPS細胞の比較

ES細胞はすでに多くの研究に応用されていて、実績があります。しかし、本来は人になることができる胚を壊すことへの倫理的な問題や、他人由来の胚を用いることによる拒絶反応の問題など、実用化には大きな壁がありました。その問題を解決する可能性をもって登場したのがiPS細胞です。ES細胞に非常によく似た性質をもちながら、胚を壊すという倫理面での問題や拒絶に対する問題などがありません。これが、iPS細胞の開発がノーベル賞に値する所以なのです。しかし、iPS細胞にも問題がないわけではありません。遺伝子操作が必要なことから、細胞ががん化してしまう危険も伴います。iPS細胞を実用化するためには、ES細胞を使った基礎研究が不可欠なのです（ES細胞とiPS細胞のメリットとデメリットを次ページに示す）。

iPS細胞の新時代

iPS細胞とは？

初期胚を用いず、またクローン技術も使うこともない多能性幹細胞（あるいは万能細胞）として、「iPS細胞」は誕生しました。では、この細胞はどのようにして発見されたのでしょうか。

山中教授とノーベル賞を同時受賞したガードン博士の研究では、アフリカツメガエルの体細胞の核を未受精卵に移植すると、その核は初期化され、そしてクローンガエルが誕生しました。このことから、未受精卵には核を初期化するなんらかの〝因子〟が存在する

	由来	メリット	デメリット
ES細胞	初期胚	遺伝子を組換えずに作ることができる. 無制限に増殖し, 胎盤以外のすべての細胞に分化できることを確認済み. ノックアウトマウスの作製など, すでに多くの分野で応用されている.	初期胚を破壊するため, 特にヒトのES細胞作製では倫理的な問題がともなう. 特定の患者からES細胞を作ることはできない. 移植をすると拒絶反応が起こる可能性がある.
iPS細胞	皮膚などの体細胞	ES細胞とよく似た性質を示す. 倫理的な問題が少なく, 特定の患者からiPS細胞を作ることができる.	遺伝子を組換えないと作ることができない. どうしてiPS細胞が作れるのか, という基礎研究は途上. 研究の歴史が浅く, 医療の応用には安全性を確認するために慎重さが求められる.

ことが、古くから示されていたといえます。しかし、21世紀を迎えマウスでクローンができるようになっても、核の初期化の仕組みはまったくの謎でした。そもそも、クローンの成功率は非常に低かったのです。これまでのクローンの研究では、初期化の仕組みの解明よりも、クローンの成功率を上げるための実験方法の開発に重点が置かれていました。

一方、ES細胞は初期胚の細胞の状態（万能性）を維持し続けている細胞でした。このES細胞にも、未受精卵と似たような〝因子〟があるのではないか、そう考える研究者もいました。しかしそのような〝因子〟を探す研究はとても難しく、複雑な細胞の仕組みの中からその〝因子〟を見つけ出すことは途方もないことに感じられ、長らく正体は謎に包まれていたのです。

京都大学の多田高《たかし》准教授は、その謎に果敢に挑戦した研究者の一人です。彼らの研究グループは2001年、ES細胞と体細胞を融合させる実験を行い、哺乳類の体細胞の核を初期化させることに成功しました。このことは、次の重要な事実を示しています。ES細胞には、体細胞の核を初期化させるなんらかの〝因子〟が存在する、ということです。それまで初期化の〝因子〟は、未受精卵に入れた体細胞の核、という非常に限定された条件でのみ機能することが示されていました。しかし、実はこの〝因子〟は体のどこにでもある体細胞そのものでも機能させることができる、比較的簡単な仕組みなのではないか、ということを予感させるものでした。

多田准教授らの研究によって、ＥＳ細胞にあって、体細胞にはない〝因子〟を探すという研究のアイデアが生まれました。そのアイデアを具現化し、その因子をつきとめたのが、当時奈良先端科学技術大学院大学（現、京都大学）の山中伸弥教授のグループでした。その因子を体細胞の中で人工的にはたらかせることにより、ＥＳ細胞と同様の細胞をつくりだせることを示したのです。

彼らは２００７年、初期化に必要な遺伝子を４つ突き止め、ヒトの皮膚の細胞の中で強制的にその遺伝子をはたらかせることで、細胞を初期化することに成功しました。この細胞は「ｉＰＳ細胞（induced Pluripotent Stem cell：人工多能性幹細胞）」と呼ばれています。彼らが初期化に重要な遺伝子を突き止めるに至るまでの過程については、次の項で説明しましょう。

初期化に必要な因子の発見

当時10万個あるとされていたヒトの遺伝子（実際には約3万個程度）から、初期化に必要な遺伝子を4つに絞るまでの4年間には、さまざまな努力と運がありました。

まず山中教授らは「ＥＳ細胞の細胞内成分が、分化した細胞の核をＥＳ細胞の状態に初期化できる」という多田准教授らの研究結果に着目し、初期化に必要な因子（タンパク質）が細胞内成分に含まれていると仮定しました。はじめ彼らは、マウスの全遺伝子データをもとに候補となる遺伝子を挙げていく予定でした。ところが、そのタイミングでちょうど、ES細胞ではたらく遺伝子のデータが公開されたのです。また、それらのデータを解析するためのソフトウエアが公開されていることが判明し、そこから3万個あった遺伝子の候補が約100個に絞られました。さらに、FANTOM（ファントム）プロジェクトと呼ばれる理化学研究所による遺伝子のカタログ化（完全長cDNAライブラリのデータバンク）が整備されており、欲しい遺伝子がすぐに入手可能な状態になっていました。なんと素晴らしいタイミングでしょう。研究計画を立てたこの時に、必要な研究ツールのすべてがそろっていたのです。

もし、山中教授があと5年早く大型予算で研究計画を立てていたら、必要な研究ツールをそろえる前に研究予算を使い果たしてしまっていたかもしれません（国の研究費は使い切りが原則で、繰り越して使うのは難しいのです）。あるいは、あと5年遅ければ、他のグループに先を越されていたかもしれません。研究に実力は必要ですが、運もまた味方にする必要があるといえます。

研究グループはこの研究ツールを利用し、ES細胞に特徴的なタンパク質をつくる24個の遺伝子を候補としました。この中から、マウスの皮膚の細胞を初期化できる遺伝子を探したのです。では、この中からどうやって重要な遺伝子を探したらいいのでしょうか？　一見すると複雑そうですが、研究はすぐに実を結びます。効率の良い実験の設計と、幸運があったからです。

実験では、遺伝子を皮膚由来の細胞に入れ、それを細胞内で働かせる（遺伝子発現をおこさせる）という操作を行います（この実験の詳細は2章で紹介します）。実は、最初に24個の遺伝子をすべて入れてみると、いきなり初期化に成功してしまったのです。もしもこれらの遺伝子同士に複雑な相互作用があり、ある遺伝子が他の遺伝子を阻害してしまうというようなことがあれば、結果はより複雑になったはずです。しかし幸運にも、そういった実験結果を乱すような遺伝子は含まれていませんでした。次に24個のうち、今度はどれが重要なのかを探しました。これには、24個から遺伝子1個ずつを抜いていけばいいことに彼らは気づきました。もし抜いた遺伝子が重要であれば、それを抜いた実験でだけ、初期化に失敗するからです。そうやって実験を工夫した結果、初期化に必要な遺伝子を4つに絞ることに成功したのです。その遺伝子とは「Ｏｃｔ３／４」「Ｓｏｘ２」「Ｋｌｆ４」「ｃ－Ｍｙｃ」の４つで、これらは現在「ヤマナカファクター」（ヤマナカカクテル）」と呼ばれています。

最初のｉＰＳ細胞は、皮膚の細胞を取り出し、その細胞に初期化に必要な4つの遺伝子（ヤマナカファクター）を入れることで作られました。その後２００８年、ほぼ同時期に複数の研究グループからヒトのｉＰＳ細胞の成功例が報告されました。冒頭で紹介したように、これによってｉＰＳ細胞が一気にクローズアップされるようになり、２０１２年のノーベル賞受賞につながりました。そして、いよいよ再生医学への応用が期待されるようになりました。現在では、遺伝子の数をさらに減らしたり、発がん性の少ない方法を開発したり、別の化学物質によってより簡単にｉＰＳ細胞を作ろうという研究がおこなわれるようになり、世界中で熾烈な競争となっています。

再生医学の可能性と最新事情

iPS細胞に弱点はないのか？

ｉＰＳ細胞は皮膚から樹立された細胞で、ＥＳ細胞とよく似た万能細胞としての性質をもっています。ＥＳ細胞は不妊治療などで余った受精卵から作られたもので、簡単に種類を増やすことができませんでした。自分の体に由来するＥＳ細胞をつくろうとしても、自分のクローン人間（の初期胚）を作らない限り作り出すことはできません。しかし、ｉＰＳ細胞は自分の皮膚から作製することができるので、自分の体に由来する万能細胞を作ることができます。つまり、自分のクローン人間を作る必要はありません。この利点からｉＰＳ細胞は移植医療に大きな進歩をもたらす技術として注目されています。なぜなら、初期胚を壊すという倫理的な問題がなく、拒絶反応の心配もないからです。

日本では、ｉＰＳ細胞の樹立以来、ｉＰＳ細胞を用いたさまざまなプロジェクトが国家レベルで進行しています。

「わが国のロードマップ」
（1）脳細胞などの「中枢神経系」
（2）「角膜」
（3）角膜同様、眼を構成している細胞の1つである「網膜色素上皮細胞」
（4）眼の細胞の中でも光を受け取ってその情報を電気信号に変えて脳に伝える上で必要な「視細胞」
（5）傷口をふさぐときに活躍する「血小板」
（6）体中に酸素を運ぶために必要な血液細胞の1つである「赤血球」
（7）血小板、赤血球だけでなく白血球など血液に含まれるさまざまな細胞に分化する能力を持った「造血幹細胞」
（8）「心筋細胞」
（9）「骨・軟骨」
（10）腕や足の筋肉を構成している「骨格筋」
（11）肝臓細胞、血糖値を制御するために必要なイ

図 1-9　iPS 細胞の作製

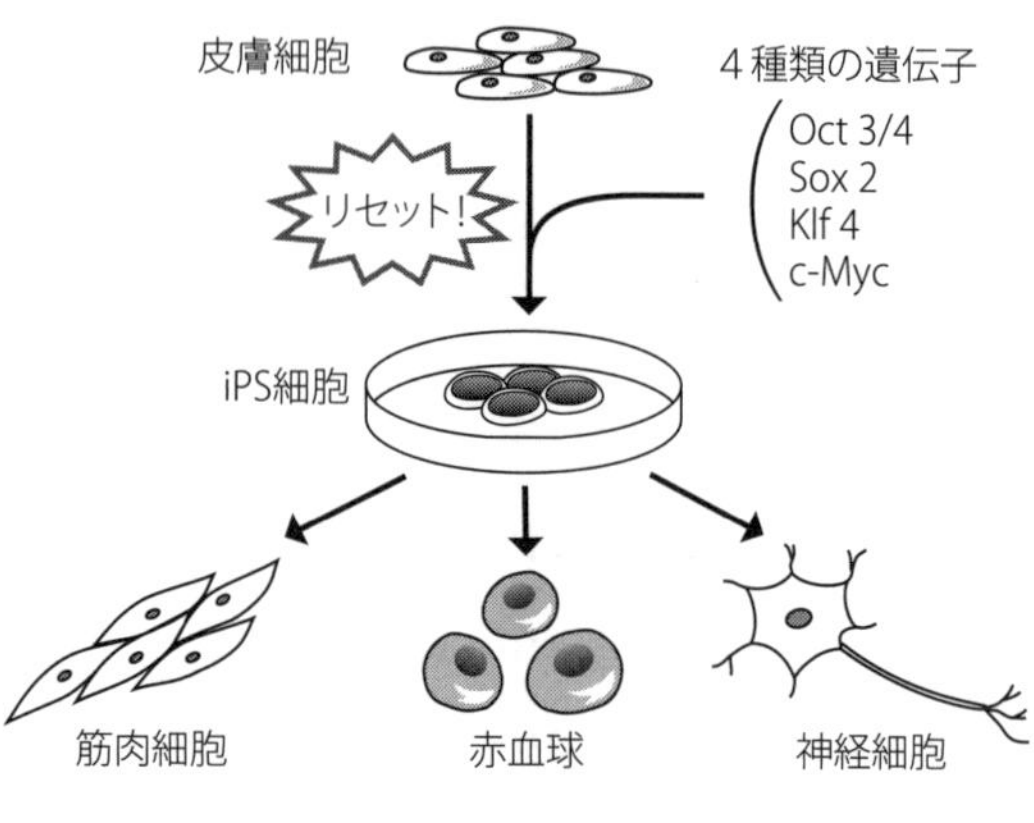

ンスリンを作る膵《すい》ベータ細胞、腎臓細胞などに分化する能力を持つ「内胚葉系細胞」

このように、拒絶反応の心配がない上に、あらゆる細胞に分化することのできるｉＰＳ細胞は、移植医療の実現に向けて非常に大きな期待が寄せられています。しかし、免疫拒絶を避けることができ、ＥＳ細胞の抱える問題をクリアできたように見えるｉＰＳ細胞ですが、弱点はないのでしょうか？　実は、ｉＰＳ細胞にもいくつか解決されるべき課題があります。

①がん化してしまうって本当?!

夢の技術として注目を浴びているｉＰＳ細胞ですが、実はｉＰＳ細胞には重大な欠点があります。それは、ｉＰＳ細胞はがん化してしまうリスクがあるということです。山中教授のグループでは、手を加えていない通常のマウスの初期胚にｉＰＳ細胞を移植し、ｉＰＳ細胞由来の細胞と通常の細胞が混ざった細胞で全身が構成されるキメラマウスを作製するという実験を試みました。しかし、産まれてきた子供の20～40％に、甲状腺などに腫瘍が見つかったと報告しています。

がん化の原因の一つは、ｉＰＳ細胞を作り出す際に細胞に送り込んだ4つの遺伝子のうち、「ｃ‐Ｍｙｃ（シーミック）」と呼ばれる遺伝子にあります。実は、ｃ‐Ｍｙｃはがん細胞で活発に発現している「がん遺伝子」でもあるのです。細胞が無限に増殖するという特性は、がん細胞のもつ特性でもあります。現在はc－Myc遺伝子を使わないiPS細胞を作製することに成功していますが、やはりがん化のリスクが完全に否定されたわけではありません。

その他、細胞に遺伝子を入れる方法自体にもがんを引き起こす心配があります。細胞に遺伝子を入れる方法には、実験室レベルでは細胞にウイルスを感染させるのが簡単で確実です。しかし、細胞ががん化してしまうリスクを伴います。臨床への応用を目指すのであれば、より安全な方法を開発しなければならないのです。現在研究されている手法としては、山中ファクターの導入方法を改良した手法（プラスミドDNAや直接にRNA、タンパク質を細胞内に導入する方法）やこれらと初期化を補助する低分子化合物とを組み合わせた手法などが研究されています。

②iPS細胞はES細胞とまったく同じ細胞なの？

安全性がまだ完全には確保できていないiPS細胞ですが、移植医療に革命をもたらす技術であることに変わりはありません。そこで、安全性の高いiPS細胞を開発しようと、世界中の研究者が激しいデットヒートを繰り広げています。以下に、その激しい〝レース〟の一端を紹介しましょう。

まず、iPS細胞の研究で当初に使われていたウイルス（レトロウイルス）よりも安全性が高いとされている、アデノウイルスベクターを用いてiPS細胞を作製できることが、コンラッド・ホッケドリンガー博士らによって発表されました（２００８年９月）。続いて、そもそもがん化のリスクのあるウイルスベクターを用いずに、プラスミドという環状ＤＮＡを遺伝子の運び屋としてｉＰＳ細胞を作ることに山中教授らが成功しました（２００８年10月）。さらに、アメリカのスクリプス研究所の研究チームが、「遺伝子を細胞に送り込まないｉＰＳ細胞の作製法」を実現しました。これは遺伝子の代わりに、タンパク質を細胞に入れる方法を用いています（２００９年５月）。このように、研究レースは非常にすさまじいものです。今後も、新しい研究がどんどん報告されていくことでしょう。

日本で生まれたｉＰＳ細胞は、幹細胞を用いた再生医学研究の新たな領域として、世界中で激しい競争に曝される研究分野になりました。特に海外勢の勢いは凄まじく、ｉＰＳ細胞を生み出したのは日本であるものの、あっという間に世界の後塵を拝している状況です。山中教授はこのことを憂い、２００８年の文部科学省の委員会では「１勝10敗で負けた」と発言しています。山中教授が委員会でこのような発言をしたのには、国家プロジェクトであるはずのｉＰＳ細胞研究の研究支援環境が、海外に比べてあまりにも脆弱《ぜいじゃく》であることです。ｉＰＳ細胞は研究内容だけではなく、日本の研究体制のあり方にも課題を投げかけているのです。

③ ｉＰＳ細胞って誰から作っても同じなの？

これまで述べてきたように、iPS細胞の誘導技術そのものがまだ発展途上といえます。しかし仮にその技術がある程度確立したとしても、臨床への応用はさらに困難を極めるでしょう。なぜなら、細胞の状態は人によって異なるからです。また、同じ人から作ったiPS細胞であっても、作るたびに違うiPS細胞ができます。iPS細胞の基盤技術はまだまだ未完成なのです。

仮に、研究が理想的に進み、誰かの皮膚細胞からその人自身の臓器を再生できたとします。しかし、常に同じ条件で実験が成功するとは断言できないのです。3章で議論するように、私たちは遺伝子レベルで個人差があります。ある人で成功したからといって、別の人にそれを使うとがん細胞になってしまうかもしれません。もしもその危険性を患者やマスコミに隠して治療をしてしまったとしたら、それは人体実験にほかなりません。ですからiPS細胞を臨床に応用する前に、細胞のリプログラミングの仕組み、がん化の仕組み、個人差の仕組みなど、まずは基礎的な研究に力を注ぎ、その全容を解明する必要があります。万が一にも拙速な臨床応用となってしまわないように、常に慎重な態度が必要といえます。

再生医学を支える研究と技術

再生医学を支える技術には、他にどのようなものがあるのでしょうか。これまで分子生物学や発生生物学の知識が多く必要とされてきた再生医学の分野ですが、実はさまざまな研究が融合して大きな分野となってきています。

①生物学からのアプローチ（細胞生物学、分子生物学、遺伝子工学）

再生医学を研究する上で、生物の最小構成単位である細胞を取り扱う生物学は、最も基礎的なアプローチと言えるでしょう。生物学とは、生命がどうして成り立っているのかという生命の神秘に迫る学問であるとともに、細胞や遺伝子を操作し、役に立つ技術を開発する工学の分野でもあるのです。本書の2章で学ぶ遺伝子工学や、3章で学ぶゲノム科学の知識も再生医学に使われています。たとえばｉＰＳ細胞は、ゲノム科学的なアプローチによって「ヤマナカファクター」の候補をみつけ、さらに遺伝子工学的なアプローチによって「ヤマナカファクター」を細胞に入れることによって、作ることに成功しました。このように、再生医学にとって生物学の知識は非常に重要です。

②物理学からのアプローチ（物質工学、流体力学、ロボット工学）

われわれの体は、細胞がただ集まって組織を構成しているわけではありません。われわれが大地に立って歩くように、細胞も「足場」を必要とします。細胞にとっての足場とは、細胞自身が分泌するコラーゲンなどのタンパク質で構成される、細胞外マトリクスです。この細胞外マトリクスに注目した学問が、物質工学です。たとえば、細胞は足場の固さに反応して、性質を変えることが知られています。このメカニズムを詳細に解明することで、線維化が進んだ組織で肝硬変や心筋梗塞、さらには周辺組織ががん化する仕組みを解き明かす研究が注目を集めています。

③ 化学からのアプローチ（有機合成化学、高分子工学、材料化学）

細胞培養の実験をするうえで、難しい問題が細胞外マトリクスの有無です。細胞は体の中の環境では、細胞外マトリクスに囲われています。しかし、体の外の環境でそれをまねすることは難しいのです。そこで、最近では天然成分と似た働きをするマトリクスを、有機合成によって人工的に作る研究が進んでいます。

細胞外マトリクスを人工的に合成することで、細胞の培養は格段に扱いやすくなります。たとえば、東京女子医大の岡野光男教授が開発した「細胞シート」では、人工的に合成したマトリクスの上で細胞を培養することに成功しています。これを生体の組織に移植したところ生着し、組織として機能をしたという報告がされました。この研究は再生医学の実証例として、注目を集めています。

COLUMN

iPS細胞の臨床応用

2014年夏、世界で初めてのiPS細胞をつかった臨床研究が開始する予定です。これは理化学研究所発生・再生科学総合研究センターの高橋政代博士をリーダーとしたプロジェクトです。対象は目の難病である加齢黄斑変性症です。選定した臨床研究対象の患者の皮膚を採取して線維芽細胞を作製します。この細胞からiPS細胞を作り出し、網膜の細胞に分化させ、それをシート状に培養します。そして最終的には患者の網膜に直接移植する、というものです。

これが成功すれば、自分自身の細胞で自分の体を再生させることが世界で初めて示されることになり、多くの患者たちから期待が寄せられています。しかし、iPS細胞の安全性はまだ十分に確認されたわけではありません。iPS細胞から分化誘導して作った網膜の細胞が、長期間の培養によってがん化しやすい細胞になってしまうことはないのか、あるいは何か予期せぬ因子を放出してしまうことはないのか、などの懸念事項があります。仮に治療が成功したとしても、それだけで一喜一憂せず、長期間にわたって治療の安全性を追跡していく必要があるでしょう。

② 遺伝子工学

生命情報の正体

1章で見たように、2012年のノーベル生理学・医学賞に輝いた細胞のリプログラミングの研究は、山中伸弥教授のiPS細胞の発明によって成し遂げられました。この細胞は、皮膚の細胞に4種類の遺伝子をいれることで作られました。ではいったい、どうやって遺伝子を細胞に入れたのでしょうか。また、細胞の中でタンパク質を作らせるにはどうすればよいのでしょうか。実は、そのような操作は比較的簡単です。一定のトレーニングを受け、適切な環境があれば、誰でも扱える技術として確立しています。このような技術は、遺伝子工学とよばれています。

遺伝子工学は、植物の品種改良（遺伝子組換え作物）などに応用されてきました。今後は、

iPS細胞の成功で見てきたように、医療の発展や医薬品の開発においても重要な技術となっていくことでしょう。この技術は、生命科学を飛躍的に進歩させただけではなく、医学や食品科学、化粧品などの分野を中心に、私たちの生活を大きく変えようとしているのです。

さて、遺伝子を自由自在にコントロールするためには、ど

図 2-1　生命科学発展の歴史

年代	事項	研究者
1953	DNA 二重らせん構造の発見	ワトソン（米），クリック（英）
1956	DNA 合成酵素（ポリメラーゼ）の発見	コーンバーグ（米）
1957	細胞融合の発見	岡田善雄（日）
1957	セントラルドグマの提唱	クリック（英）
1962	緑色蛍光タンパク質（GFP）の発見	下村脩（日）
1962	体細胞核移植クローンの作製	ガードン（英）
1965	遺伝子暗号の解読	コラナ（インド）ら
1967	DNA 連結酵素（リガーゼ）の発見	ワイス（米）
1967	岡崎フラグメントの発見	岡崎令治（日）
1968	制限酵素の発見	アルバー（スイス）ら
1968	分子進化中立説の提唱	木村資生（日）
1970	逆転写酵素の発見	テミン，ボルチモア（米）
1973	遺伝子組換え技術の発展	コーエン，ボイヤー（米）ら
1976	免疫グロブリン遺伝子再構成の発見	利根川進（日）
1977	核酸の塩基配列決定法	マクサム，ギルバート（米）
1981	マウス ES 細胞の樹立	エヴァンス（米）ら
1985	PCR 法の発見	マリス（米）
1995	クローン羊ドリーの作製	ウィルマット（英）ら
1998	ヒト ES 細胞の樹立	トムソン（米）
2003	ヒトゲノム解読完了宣言	国際ヒトゲノムコンソーシアム
2006	iPS 細胞の樹立	山中伸弥（日）

うすればいいでしょうか。まずは、目的の遺伝子を手に入れなくてはいけません。そして、手に入れた遺伝子を、ブロックを組み合わせるように自在に扱う必要があります。そのために、科学者はどのような方法を用いているのでしょうか。また、私たちの身近なところでどのように役立てられているのでしょうか。ここでは、科学者がどんな実験をしているのかを覗いてみましょう。

COLUMN

生命科学発展の歴史

遺伝子工学は、1953年に遺伝子の正体であるDNAの構造が発見されたことをきっかけにして、一気に発展しました。この50年の間に生命科学の分野で起こった主要な出来事を、49ページの表にまとめました。生命科学の発展には、多くの日本人科学者も関わっていることがわかります。遺伝子工学が行われるようになったのは、人類の長い歴史からすると、ごく最近のことなのです。

細胞に遺伝子を入れる

遺伝子とは、簡単にいうとDNAという化学物質に書かれた、タンパク質の設計図です。

この遺伝子がすべて集まったセットを、ゲノムとよびます（実際には、遺伝子にはタンパク質の設計図以外にもさまざまな役割があります。3章参照）。DNAに書かれた遺伝情報は、必要に応じて読み出されます。そして、その読み出しにしたがってタンパク質が生み出されます。この流れは、「セントラルドグマ」と呼ばれています（53ページのコラム参照）。セントラルドグマは、DNAの「複製」、DNAからmRNA（メッセンジャーRNA）への「転写」、タンパク質をつくる「翻訳」という大きく3つの要素からなります。遺伝子工学を使うことで、DNAに書かれた遺伝子の設計図を書き換えたり、タンパク質を作る過程を操作したりすることができます。

それでは「GFP」という緑色に光る蛍光タンパク質の遺伝子の応用を例にとり、遺伝子工学の技術を紹

図2-2　セントラルドグマ

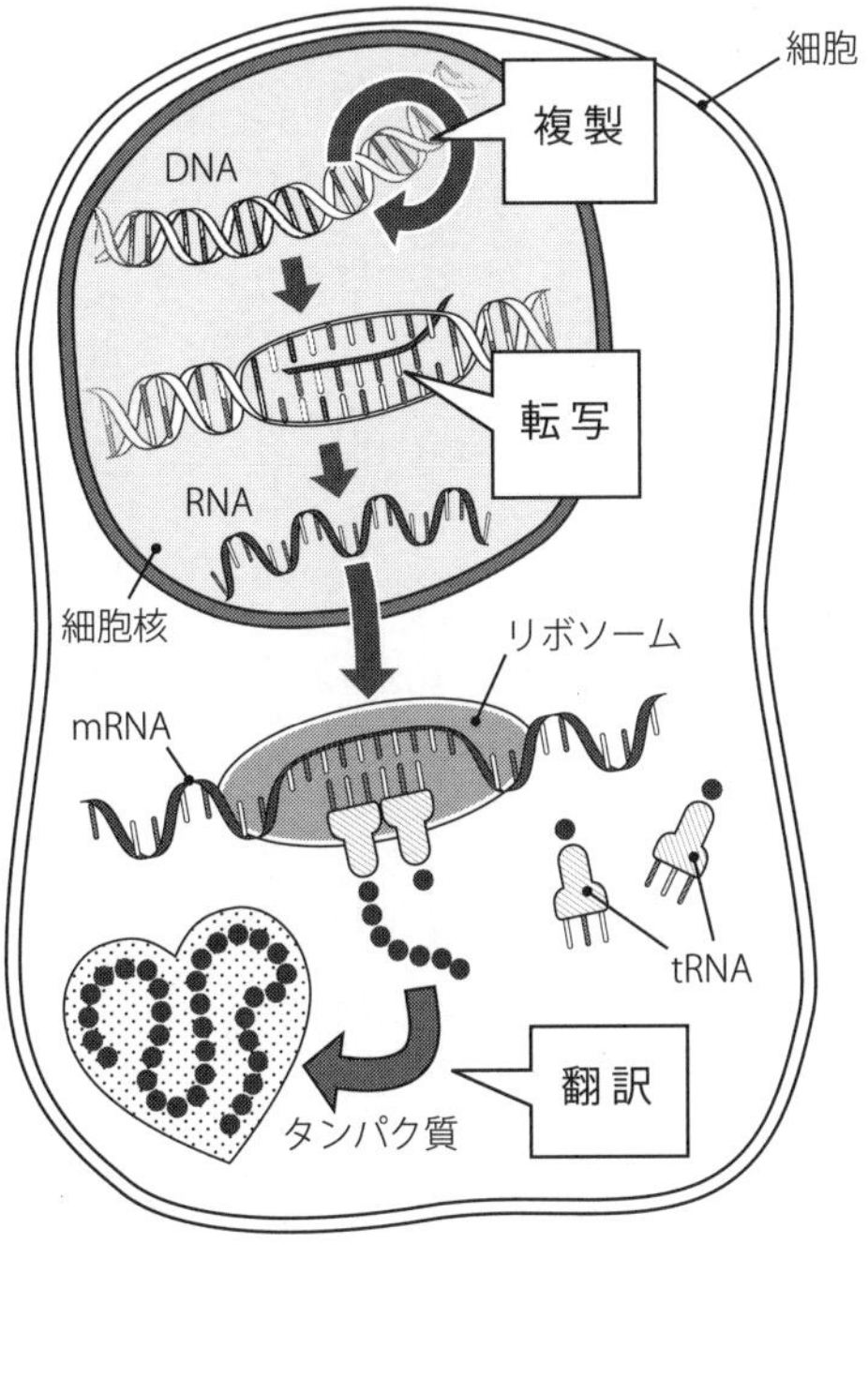

介しましょう。GFP（Green Fluorescent Protein：緑色蛍光タンパク質）は遺伝子工学で広く使われる最も一般的な遺伝子の一つで、発見者の下村脩博士（ボストン大学名誉教授）は2008年のノーベル賞に輝きました。

GFPはどういった場面で役に立つのでしょうか。GFPは、オワンクラゲという海に住むクラゲの仲間が作る蛍光タンパク質です。人間はもちろん、クラゲ以外の動物は、通常ではこのタンパク質を作ることはできません。その設計図となるGFPの遺伝子を持っていないからです。しかし、GFPの遺伝子を他の動物の細胞、たとえばがん細胞に人工的にいれることで、がん細胞だけを緑色に光らせることができます。

がん細胞のゲノムにGFP遺伝子を導入すると、このがん細胞がどれだけ分裂をして増えたとしても、その子孫の細胞（娘細胞といいます）一つひとつがGFP遺伝子のコピーを受け継ぐことになります。このがん細胞の中ではセントラルドグマにしたがってGFP遺伝子からタンパク質が生み出されるため、がん細胞が緑色の蛍光を発するようになります。

この緑色の蛍光は「がん細胞であること」の目印になるため、たとえば、動物に移植したがん細胞が、体のどこに存在するのかを簡単に見つけることができるようになります。これは、医学の発展にとってたいへん有用でした。遺伝子導入という技術を用いることで、狙った細胞で特定の遺伝子を働かせることができるようになったのです。

COLUMN

セントラルドグマって何だろう？

ＤＮＡ（デオキシリボ核酸）は4種類の化学物質（塩基）が連なった長い分子です。この分子は塩基同士が相補的に並んだはしご状の構造（二本鎖）をつくり、細胞の中ではコンパクトに折りたたまれています。ヒトの細胞は、およそ30億塩基の長さのＤＮＡを2セット持っています。このＤＮＡからタンパク質が作られる過程を「セントラルドグマ」といい、「複製」「転写」「翻訳」から成り立っています。

「複製」。細胞が二つの細胞に分裂するとき、ＤＮＡもコピーされます。この過程では、ＤＮＡの二本鎖がほどかれて一本鎖になり、それぞれの〝鎖〟を鋳型として、もとの二本鎖と同じ新たなＤＮＡ分子がつくられます。このＤＮＡが分裂した細胞へと再分配されます。

「転写」。遺伝子から遺伝情報を読み出すとき、ＤＮＡを鋳型にしてメッセンジャーＲＮＡ（ｍＲＮＡ）という分子が作られます。ＲＮＡはＤＮＡとよく似た分子で、ＤＮＡと同じように4種類の塩基から構成されます。ＤＮＡ分子のうち、遺伝子に相当する領域からｍＲＮＡがつくられます。

「翻訳」。ｍＲＮＡの配列情報を基にして、今度はタンパク質がつくられます。このとき、20種類のアミノ酸がさまざまな順番でつながった化合物ができます。これはさらに、細胞内の分子シャペロンの働きによって立体的に折りたたまれ、さまざまな形のタンパク質ができあがります。

組換えDNA技術：ベクター構築とトランスフェクション

GFP遺伝子は、生きた細胞の中に入ってはじめてその機能を発揮するようになります。それでは、一体どのようにして遺伝子を細胞の中に入れればよいのでしょうか？ そのためには、基本的には二つの技術を組み合わせて用います。一つは、GFP遺伝子を扱いやすい形に加工して、DNAを運搬する物質に入れる技術（ベクター構築）。もう一つは、この物質を細胞に入れる技術（トランスフェクション）です。

①ベクター構築

GFP遺伝子は、そのままだと約4千個の塩基が並んだDNAの分子でしかありません。この状態だと扱いにくいので、まずはDNAを運搬する「ベクター」とよばれるDNAと合体させます。DNA同士を合体させるときには、遺伝子工学で使われる〝のり〟と〝はさみ〟のような酵素を用います。

〝ベクター〟とは運び屋という意味で、その中に組み込まれた遺伝子を、目的の細胞（宿主細胞）に導入する機能をもっています。また、遺伝子を運ぶだけではなく、その細胞の中で自分のコピーをどんどん増やすという性質も持っています。ベクターとしてよく使われるのは、環状DNA分子であるプラスミドとよばれる分子です。その他にもウイルスベクターや人工染色体があり、用途に応じて使い分けられています。これらのベクターの種類や、あるいはトランスフェクションの方法をうまく組み合わせることで、大腸菌や酵母、マウス、ヒトなどのさまざまな細胞に効率よく目的の遺伝子を入れることができるようになります。ここでは、プラスミドベクターを中心にして紹介します。

②トランスフェクション

プラスミドベクターを作ることができたら、今度はこれを細胞に入れる技術を使います。この技術は、「トランスフェクション」と呼ばれます。トランスフェクションで広く用いられている方法の一つに、リポフェクション法があります。これは、水の中で油同士がくっつきやすいという性質を利用したもので、プラスミドベクターを油の膜で包み、それを細胞の膜にふりかけるというものです。細胞の膜にも油の一種

図 2-3　遺伝子の運び屋“ベクター”

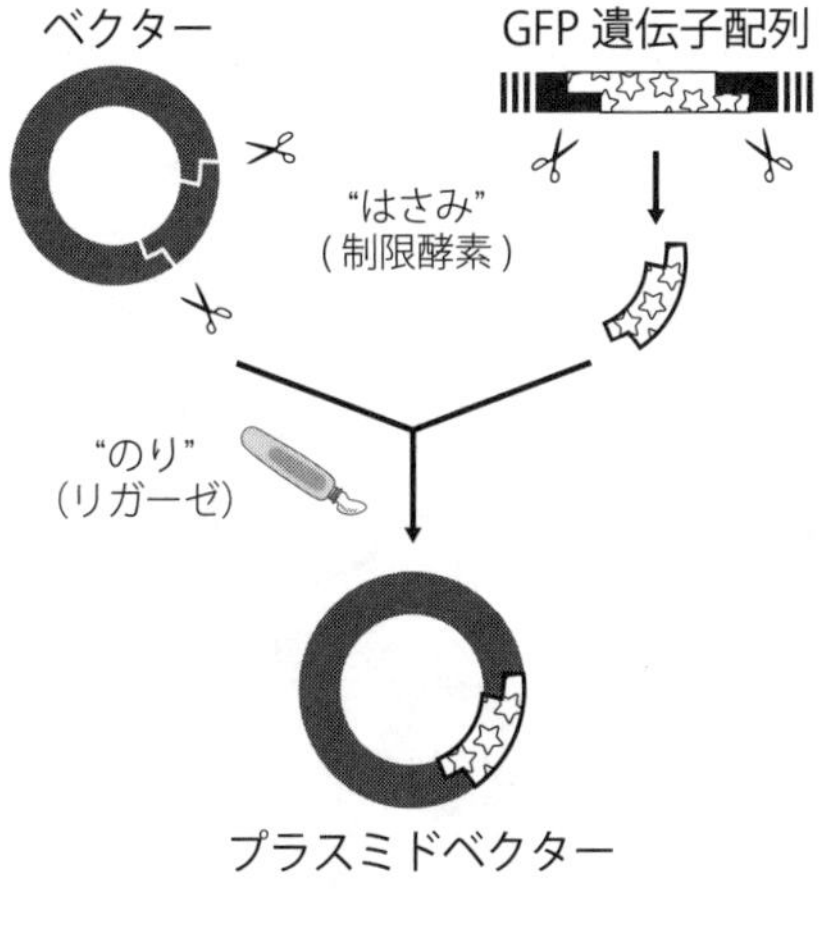

が含まれていますから、油同士がくっつくことで、プラスミドベクターが細胞の中に取り込まれていくのです。

トランスフェクションにはリポフェクション法の他に、細胞に物理的な穴を開けることで遺伝子を導入する方法もあります。その代表的なものが、エレクトロポレーション法です。この方法では、細胞にプラスとマイナスの電流を交互に流して細胞の膜に穴を作り出し、その穴からプラスミドが入るようにします。専用の装置が必要となりますが、リポフェクション法ではうまくいかない場合に用いられます。

図 2-4　ベクター構築からリポフェクションまでの流れ

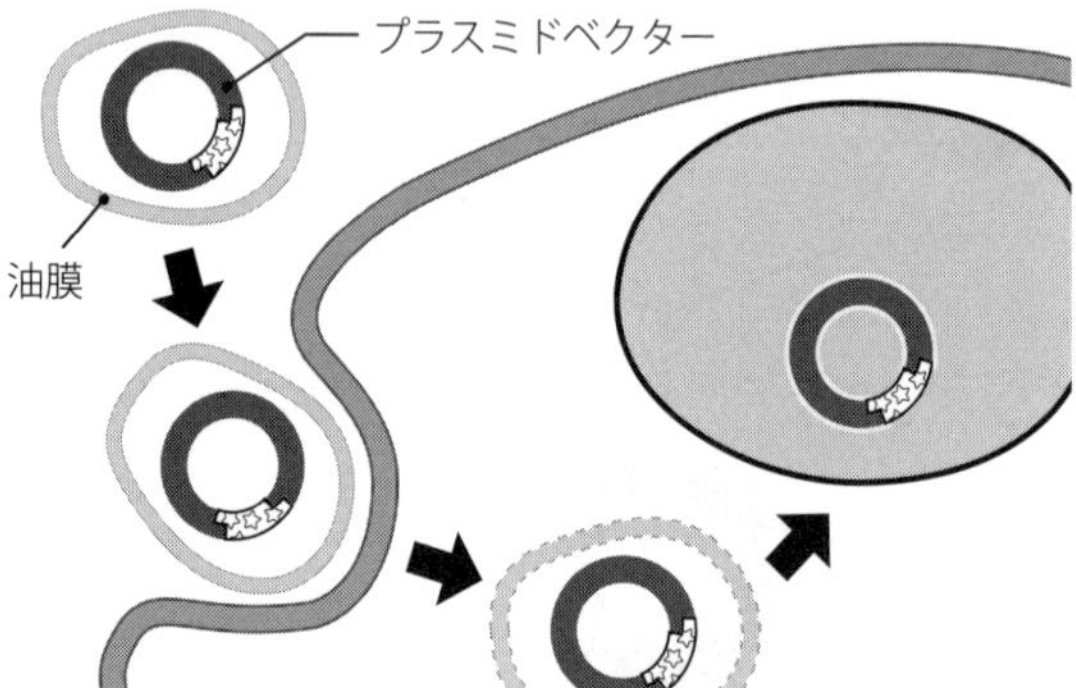

COLUMN
そもそも遺伝子ってなに?

中学や高校の理科では、「メンデルの遺伝の法則」や「一遺伝子一酵素説」という用語を学びます。また大学の教養課程では、遺伝子はタンパク質の合成を指令するDNA領域として学ぶでしょう。こうして、私たちは遺伝子というものが、「どのようなタンパク質をつくるかを指令するもの」だと思っています。では、遺伝子はいつもタンパク質の合成を指令しているのでしょうか。

実は、ゲノムにはタンパク質の合成を指令しない部分がたくさんあるといわれています。こういった部分は多くの研究者が「重要ではない」と考えていたため、つい最近まであまり注目されていませんでした。しかし最近、タンパク質の合成を指令しないもののRNAの合成を指令しているDNA領域が多くみつかってきています。これらの正体はなんでしょうか。

ヒトもクラゲも、作っているタンパク質のレパートリーは実は似通っています。しかし、ヒトとクラゲは見た目が全然違いますね。両者の違いを生み出す仕組みの一つは、どのタンパク質がどのタイミングで作られ、あるいは分解されるのか、というタンパク質の種類とそれらが機能するタイミングの違いだと考えられています。この役割を果たしているのが、「重要ではない」と思われていた配列だというのです。

21世紀の今もなお「遺伝子」という言葉は新しいのです。

COLUMN

DNAの化学的構造

ゲノムが記述されるDNA（デオキシリボ核酸）は単純な化学物質で、デオキシリボースとリン酸、塩基から構成されています。塩基には4種類のパターンがあり、その構造に応じてアデニン（A）、グアニン（G）、シトシン（C）、チミン（T）と呼ばれています。この塩基の配列によって、遺伝情報が決定されます。「わずか4種類?」と思う方も

図 2-5　DNAの二重らせん構造とそれを構成する塩基

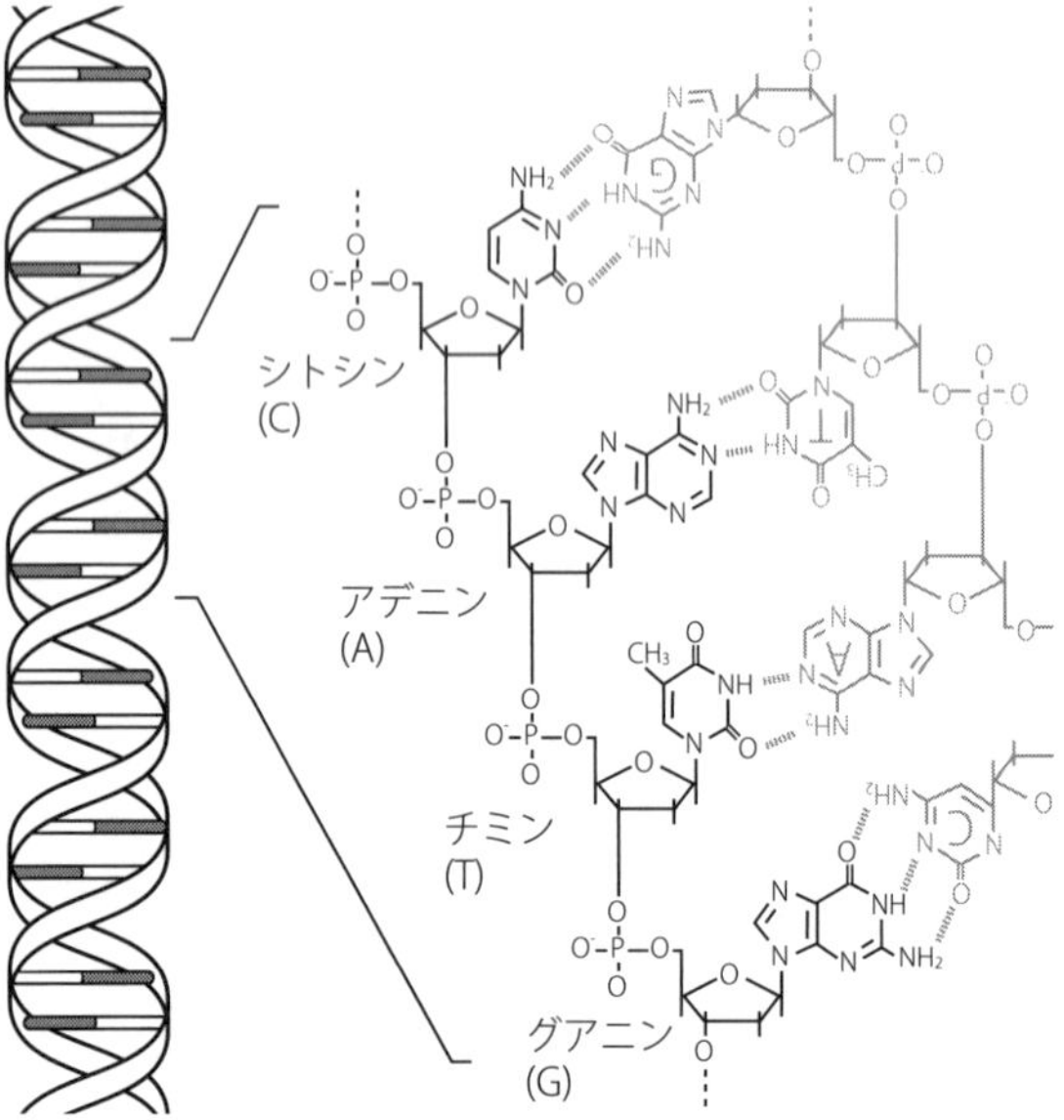

いるかもしれません。しかし、たとえば100塩基分の配列ですら4^{100}（約1・6×10^{60}）通りの記述が可能であり、その情報量は銀河系に存在する星の数よりも多い、莫大な数になります。

DNAは、AとT、GとCがそれぞれ対になった二重らせん構造で存在しています。このような状態をとることで、安定かつ正確に遺伝情報を保存することができるのです。また、一つのヒト細胞に含まれるDNA分子はすべてを伸ばすと約2メートルもの長さがあるため、細胞内では毛糸玉のようにコンパクトにまとめられた状態で収納されています。これを染色体とよびます。ヒトの細胞の中には22対（44本）の常染色体と、1対（2本）の性染色体が含まれており、23対の染色体でおよそ60億塩基対分のゲノム情報（30億×2）が存在していることになります。

染色体をさらに細かくみていくと、DNAがヒストンというタンパク質に巻きついた構造が現れます。この構造は必要に応じて形が変化します。簡単にいえば、DNAがヒストンにくっついたり、離れたりするのです。この構造変化が遺伝子のオンとオフ（発現制御）に関わっていると考えられています。

COLUMN

DNAはどのようにタンパク質の合成を指令するのか

タンパク質は、20種類のアミノ酸がさまざまな順番で連なってできています。このアミノ酸の順番を規定しているのが、DNAの塩基配列です。DNAの連続する3個の塩基の並びが、一つのアミノ酸を指定します。これをコドン（暗号）と呼びます。全部で64通り（4×4×4）存在するコドンの中には、タ

図 2-6　コドン表

第一塩基		第二塩基 T	第二塩基 C	第二塩基 A	第二塩基 G	第三塩基
T		フェニルアラニン	セリン	チロシン	システイン	T
						C
		ロイシン		終止	終止	A
					トリプトファン	G
C			プロリン	ヒスチジン	アルギニン	T
						C
				グルタミン		A
						G
A		イソロイシン	スレオニン	アスパラギン	セリン	T
						C
				リシン	アルギニン	A
		メチオニン（開始）				G
G		バリン	アラニン	アスパラギン酸	グリシン	T
						C
				グルタミン酸		A
						G

ンパク質が生み出される際にスタート地点となる最初のアミノ酸を決定する「開始コドン」や、タンパク質の完成に対応しこれ以上のアミノ酸付加を停止する「終止コドン」なども含まれています。たとえばGTTAAATCGAAGという配列の場合、バリン－リシン－セリン－リシンという順番でアミノ酸が合成されます。

遺伝子工学の基礎技術とその応用

ゲノムの長さは数十億塩基もあり、想像もできないほど膨大です。このため、遺伝子の正体が判明したばかりの頃は、細くて長いDNAのような高分子を取り扱うことは困難であると考えられていました。ところが、DNAを狙った場所で切ったりくっつけたりすることができる酵素が発見されたことで、まるで〝のり〟や〝はさみ〟で工作をするように、簡単にDNAを取り扱うことができるようになったのです。今では、DNA配列のたった一塩基の違いを検出したり、必要な遺伝子を切り出して組み合わせたりする技術が確立しています。

また、DNAの塩基配列を人工的に合成する技術も登場しています。これにより、DNAから生み出されるタンパク質の構造・性質を意図的に操作できるようになったのです。

ＤＮＡ分子の解析方法

ヒトという種において、あなたも私も、アフリカ人もヨーロッパ人もゲノム情報はほとんど同じです。しかしながら、私たちが他人とは少しずつ異なるように、ＤＮＡ配列にも個人間でわずかに異なる部分があることが知られています。つまり、人は皆「自分特有のＤＮＡ配列」を持っているのです。そのわずかな違いを検出し、個人を識別する方法が「ＤＮＡ鑑定」です。

刑事ドラマで、この言葉を耳にしたことがあるでしょう。この方法を使うと、犯行現場に残された血痕や落ちていた髪の毛から被害者の身元を明らかにしたり、犯人を割り出したりするための重要な情報を得ることができます。

また、ＤＮＡ鑑定は犯罪捜査だけでなく、親子鑑定などにも利用されています。ＤＮＡ鑑定の利用はヒトにとどまりません。食べものに含まれる食材由来のＤＮＡを調べることで、産地偽装を見破ることもできます。ＤＮＡは非常に安定した物質なので、油で揚げたフライドポテトにも、数万年前の人骨化石にも、わずかにですが、壊れずに残っているＤＮＡがあるのです。

このようなＤＮＡの解析は、後述するさまざまな技術の確立によって発展しました。得られる少量のＤＮＡを解析に十分な量まで増幅したり、ＤＮＡを特異的に切断したりして、そこに含まれる情報を分析・評価することが可能となったのです。ここでは、これらの技術の

図 2-7　遺伝子工学はさまざまなことを可能にします

基本を紹介します。

PCR——目的遺伝子を増幅する方法

DNA配列を調べるには、まずは目的のDNA領域のみを増幅する必要があります。これには、PCR（ポリメラーゼ連鎖反応）とよばれる手法がもっともよく使われています。これは、ある特定のDNA領域だけを選び、何万倍にも増幅することができる方法です。操作はとても簡単で、DNA試料と必要な試薬とを混合し、専用の機械にセットするだけです。最新の装置では、反応時間は40分程度ですみます。専門的な知識を持っていなくても、少しトレーニングを受ければ誰でも容易に扱うことができます。

PCRを用いると、わずかなDNAからでも短時間で簡単に目的の配列を増幅できます。ゲノムの中からたった一つの遺伝子だけを増幅して入手することも可能です。基礎研究はもちろん、臨床的な遺伝子診断や食品衛生検査に至るまで、PCRは幅広い分野で利用されています。たとえば、親子鑑定やノロウイルスの検査、遺伝子組換え食品の検出などでもPCRは活用されていて、警察や病院、各都道府県の検査センターなどでも広く用いられています。いつか、スーパーマーケットで食品の産地をチェックするために、PCRを使うアルバイトを募集する時代がくるかもしれませんね。

COLUMN

PCRの原理

PCRによるDNA増幅反応は、図2-8に示す三つのステップを1サイクルとして、これを繰り返すことで達成されます。

ステップ1：熱変性
反応溶液を94℃に熱し、二本鎖DNAを一本鎖に変性させます。

ステップ2：アニーリング
反応温度を下げ（50〜65℃）、各一本鎖DNAのうち、目的とする領域の両端の対応する部位にプライマー（DNA増幅の起点となる短いDNA分子。図2-8では3′端のところ）が結合（ハイブリダイゼーション）できるようにします。

ステップ3：重合反応
反応温度を72℃に上昇させます。すると、

図2-8　PCRの原理

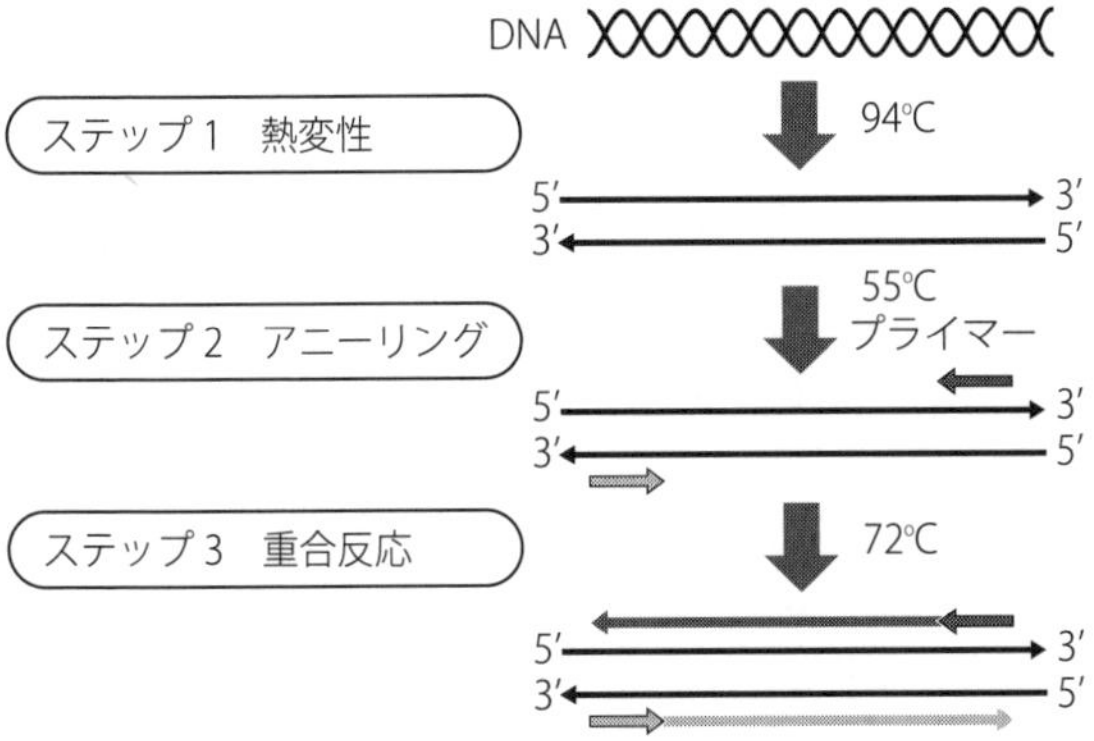

それぞれのプライマーの3′端を起点として、ＤＮＡポリメラーゼ（次のコラム参照）が鋳型ＤＮＡと相補的な新しいＤＮＡ鎖を合成します。その結果、目的の領域のＤＮＡ鎖の数が倍に増えます。

これら三つのステップを繰り返すことで、目的のＤＮＡ断片を指数関数的に増幅させ、わずかな時間でおよそ１００万倍に増やすことができます。

COLUMN

耐熱性ＤＮＡポリメラーゼ――ＴａｑＤＮＡポリメラーゼの発見

ＰＣＲに欠かせない材料が、ＤＮＡ鎖を合成する酵素（ＤＮＡポリメラーゼ）です。ＰＣＲを簡便かつ迅速に行えるようになった背景には、耐熱性のＤＮＡポリメラーゼ（ＴａｑＤＮＡポリメラーゼ）の発見がありました。通常、酵素は高温で壊れて（変性して）しまいます。ＰＣＲが考案されてまもない頃は、熱変性過程（94℃）において酵素が失活してしまうので、反応の度に酵素を追加する必要があり、とても面倒でした。これを改善するために、科学者たちは高温でも失活しない酵素を極限環境微生物から探しました。高温環境下で生存可能な生物ならば、ＰＣＲ中の熱変性にも耐えられる酵素を持っていると期待されたからです。この試みは実を結び、温泉中に生息する好熱菌（*Thermus aquaticus*）由来の耐熱性酵素（ＴａｑＤＮＡポリメラーゼ）

が発見されました。

DNAの〝はさみ〟と〝のり〟

ＤＮＡは鎖のような細長い分子ですが、扱いやすくするために切断したり、結合したりすることができます。まるで、〝はさみ〟と〝のり〟を使って工作をするようです。その〝はさみ〟の役割をするのが制限酵素、そして〝のり〟の役割をするのがＤＮＡリガーゼとよばれる酵素です。

〝はさみ〟の役割をする制限酵素は、すでに１００種類以上が市販されており、それぞれがＤＮＡの特定の配列を切断することができます。そのため、使用する制限酵素の組み合わせを工夫することで、ＤＮＡを自在に切り分けることができるのです。また、ＤＮＡが特定の制限酵素によって切断されたならば、その制限酵素の認識配列がこのＤＮＡ中に存在し、切断されなければ存在しない、ということを判断することもできます。したがって、ある特定の配列の有無を明らか

図 2-9　制限酵素によって切断される配列の特徴

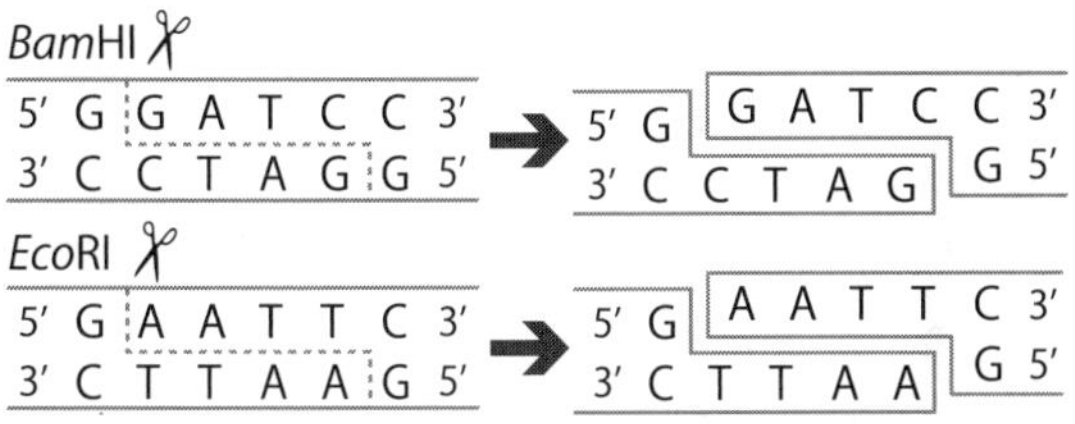

二つの制限酵素によるそれぞれの切断部位の特徴を示している．BamHI は「GGATCC」を，EcoRI は「GAATTC」を認識し，選択的に切断することができる

にすることもできるのです。

ＤＮＡリガーゼは、制限酵素とは反対にＤＮＡの断片同士を結合する〝のり〟の役割をします。制限酵素によって切られた断片同士を再結合したり、まったく別の断片同士を結合したりすることができます。

COLUMN

制限酵素ってどんなもの？

制限酵素は、細菌から発見された酵素です。本来、制限酵素は、細菌がＤＮＡウイルスの感染から自らを守るための武器として機能しています。ＤＮＡウイルスは、細菌細胞内に自らのＤＮＡを送り込み、細菌の中で自分自身であるＤＮＡを増殖します。そこで、細菌は自らの身を守るために、ウイルスＤＮＡを切断し破壊する戦略をとるようになりました。このときに働く一群の酵素が、制限酵素です。制限酵素の発見により、ＤＮＡをまるで〝はさみ〟で切るように思い通りの切断が可能となり、遺伝子組換え実験ができるようになりました。

ゲル電気泳動法――DNA断片サイズを解析する方法

DNAの太さは2ナノメートル（髪の毛の約5万分の1）、重さはピコグラム（1兆分の1グラム）単位以下ですから、DNAは目で見ることも、重さを計ることも困難です。それでは、DNAの長さ、すなわち塩基対の数はどのようにして検出・判定されているのでしょうか？　検出・判定に広く用いられている方法が、ゲル電気泳動法です。この方法では、DNAに「障害物競争」させるのです。障害物競争では、小さな穴やトンネルを素早く抜ける必要があります。体の大きな大人よりも、小さな子供の方が早くゴールできますね。DNAの障害物競争でも、DNAの長さの違いによって進む速さが異なります。その進み具合によって、DNAの長さが分かるのです。

ゲル電気泳動法では、スポンジのように網目構造を持つゲルの中で、DNAの障害物競争をします。DNAサンプルをゲルに一列に添加し、電圧をかけて競争をスタートさせます。DNAは側鎖のリン酸基のために負に帯電しているため、電圧をかけることで移動する力が生じます（図2-10）。そして、DNAはゲルの中をかいくぐりながら進んでいきます。一定の時間経過後に電圧をかけることを止め、その時までにDNAが移動した距離でサイズを測ります。この移動度が大きいほど、DNAのサイズが小さいと判断することができるのです。泳動後にDNAを染める試薬で処理することで、DNAをバンド像として可視化することができます。あらかじめサイズがわかっているサンプルをともに泳動しておくと、バンド像を比較することでDNAサイズを概算することもできます。

図 2-10　電気泳動の原理

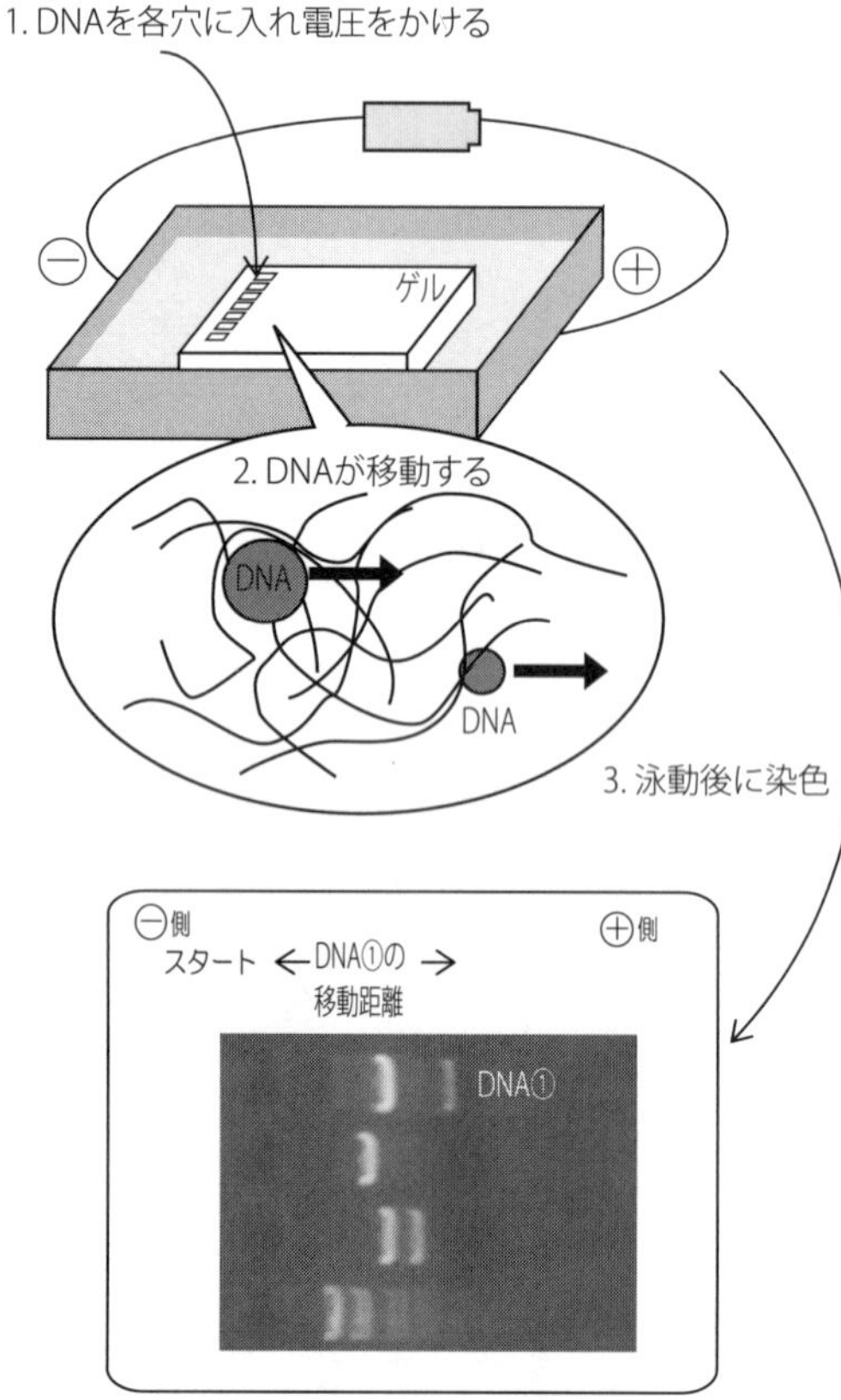

COLUMN

ダイ・ターミネーター法によるDNAのシーケンス（配列決定）

ゲル電気泳動法の原理は、DNA配列の解読にも応用されています。その一つがダイ・ターミネーター法です。これは、DNA合成を止める4種類の「ターミネーター（A、T、G、Cそれぞれに対応する蛍光標識された塩基）」を加えた状態で合成を行ったDNAを電気泳動法で検出する方法です。

DNAは合成されるとき、材料となる塩基を取り込みながら5′から3′方向に向かって一直線に伸びるという特徴があります。DNAが塩基を取り込みながら伸びていくとき、ごく少量混ぜた「ターミネーター」を取り込むと、DNAの伸長はそこで停止します。「ターミネーター」は一定の確率でDNAに取り込まれるので、DNAの合成反応が止まる場

図2-11　ダイ・ターミネーター法によるDNAのシーケンス

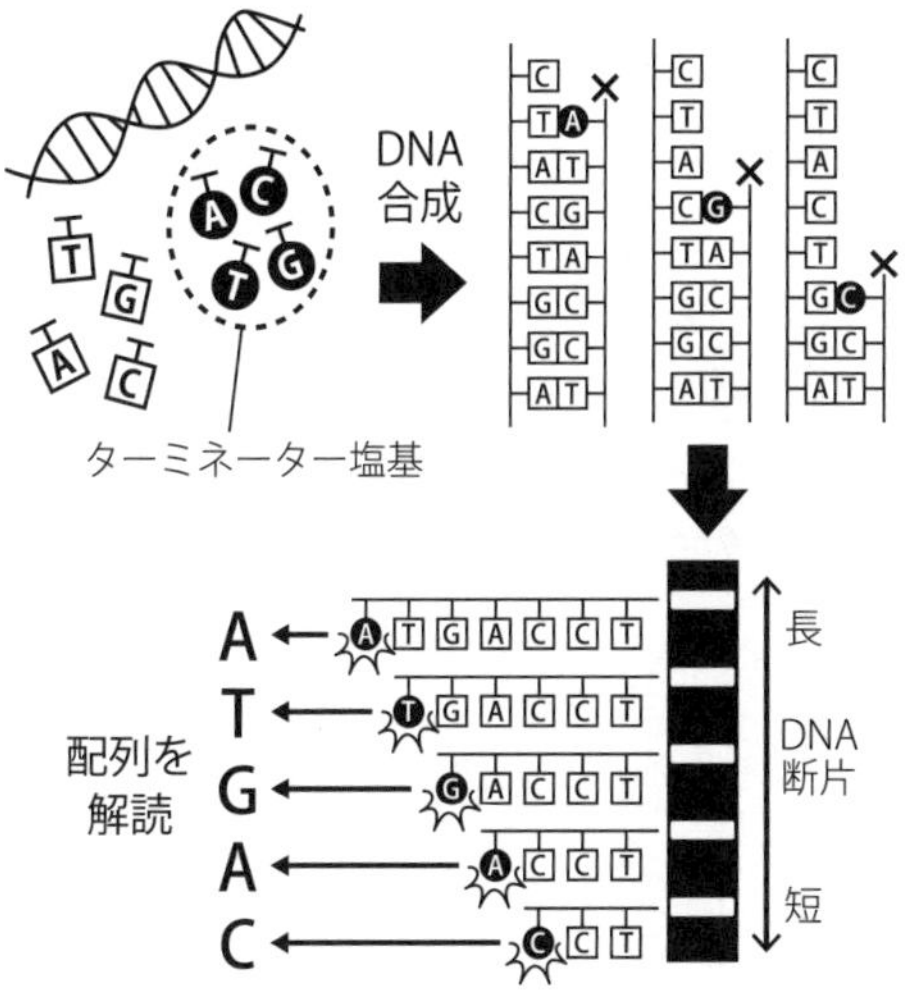

所はまちまちです。こうして、いろいろな長さのＤＮＡ断片が大量に得られます。これを、今度は電気泳動にかけます。電気泳動では、ＤＮＡ断片の長さにしたがって複数のバンド像ができます。さらに、４種類の「ターミネーター」はそれぞれ蛍光標識されているので、バンドは４色の蛍光に染まります。この４色に染まったバンドを順番に見ていけば、それがＤＮＡの塩基配列となるのです。

ハイブリダイゼーション――特定の配列を検出する方法

ＤＮＡは、２本の鎖が相補的に結合してできています。この２本の鎖はそれぞれ１本ずつの鎖に分かれても、再度２本の鎖が相補的に再結合できる性質をもっています（前述したＰＣＲも、この性質を利用しています）。たとえばＤＮＡに熱をかけると、２本の鎖をつないでいた水素結合が外れて１本鎖となります。しかし面白いことに、いったんこのような操作を施した後でも、温度を下げるとＤＮＡは再び正しい対を形成して２本鎖に戻るのです。この再結合は、ハイブリダイゼーションと呼ばれています。

ハイブリダイゼーションを利用することで、特定の配列を持つＤＮＡ鎖を検出することができます。たとえば、２本鎖を形成するＤＮＡ鎖の片方に蛍光物質などの目印をつけて、もう片方をガラス基板上に固定します。この両者を再結合させると、ガラス基板上の特定の場所が蛍光で光るようになります。こうすることで、対応するDNA鎖がどこに存在するか特定することができます。あるいは、先のゲル電気泳動法と組み合わせれば、探したいDNA断片がどのバンドに存在するかを調べることもできます。

また、ハイブリダイゼーションを起こすのはDNAの鎖同士だけではありません。DNAと、そこから転写されたmRNAも、互いに配列が相補的であればハイブリダイゼーションを起こすことができます。蛍光物質で目印をつけておけば、特定の遺伝子のmRNAが、体のどこで転写されているかを調べることができるのです。mRNAだけでなく、人工的に合成したRNAも使うことができます。ハイブリダイゼーションはさまざまな分野で応用されています。

図 2-12　*in situ* ハイブリダイゼーション

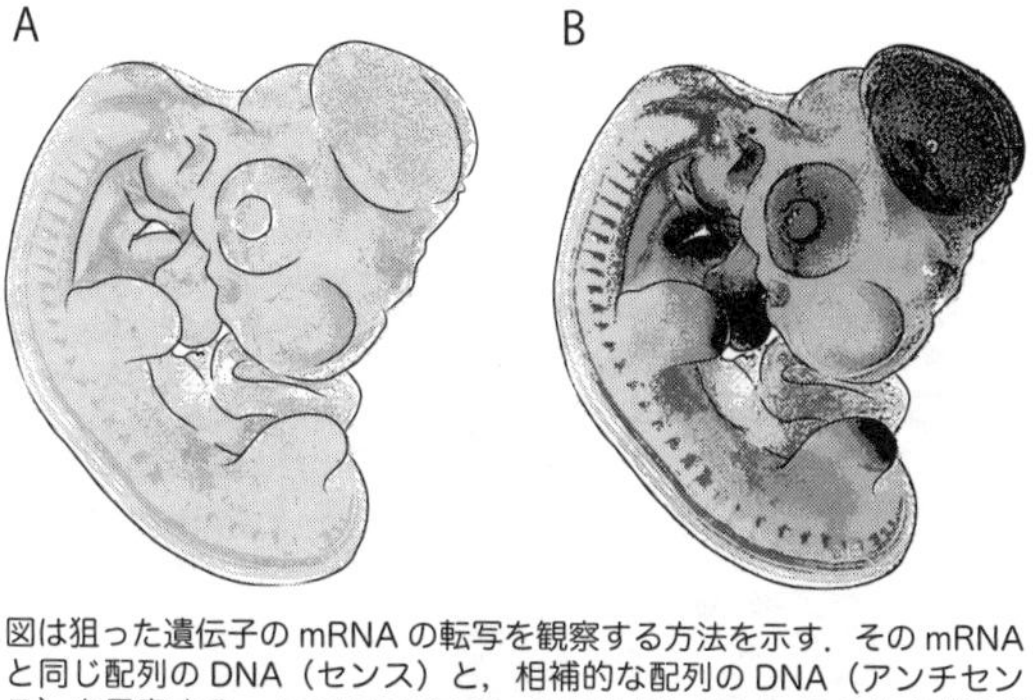

図は狙った遺伝子の mRNA の転写を観察する方法を示す．その mRNA と同じ配列の DNA（センス）と，相補的な配列の DNA（アンチセンス）を用意する．A ではセンスの，B ではアンチセンスのハイブリダイゼーション実験をそれぞれおこなう．すると，相補的な結合をするアンチセンスだけが，狙った mRNA とハイブリダイゼーションすることができるため，この結合しているところを染めることで，体のどこで遺伝子発現が起こっているかが観察できる

COLUMN

マイクロアレイ法と発現解析

ハイブリダイゼーションを応用した分析方法に、マイクロアレイ法（DNAチップ法）が挙げられます。この手法は、数万種類にもおよぶ遺伝子の発現パターンを短時間で一度に検証することができ、基礎研究や創薬などの幅広い分野で活躍しています。

たとえば2万種類の遺伝子の発現を調べる場合、それぞれの遺伝子配列に特徴的なDNA配列（プローブ）を、ガラスやプラスチックでできた基板にスポット（固定）します。つづいて、発現を調べたい細胞や組織からmRNAの集団を抽出し、これらの配列をもとに蛍光標識した核酸（DNAもしくはRNA）を合成します。これらを基

図 2-13　マイクロアレイの原理

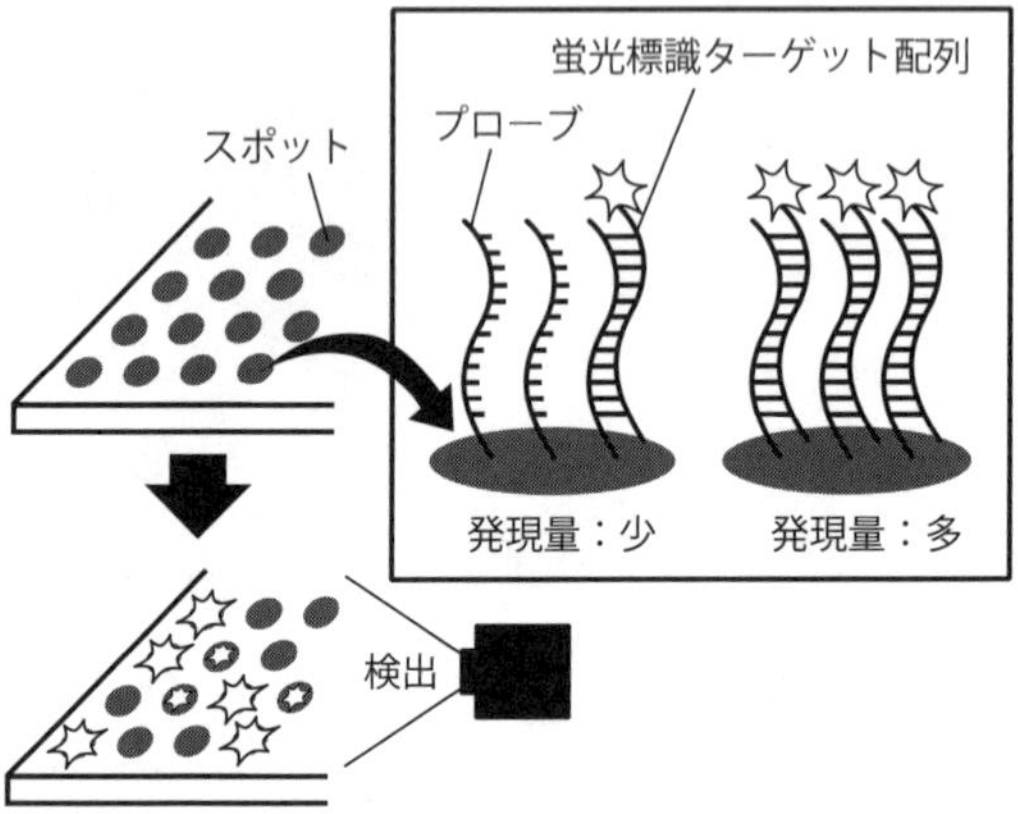

盤に流し込むと、スポットされたプローブとハイブリダイゼーションが起こり、そのスポットが光るようになります。この光の強さを計測することで、遺伝子の発現状況を調べるのです。

もし、調べたい遺伝子のmRNAが細胞内でたくさん転写（遺伝子発現）されていれば、対応したスポットにおいて強い光が観察されます。これが強くなればなるほど、目的遺伝子のmRNAがより多く転写されていることを示します。つまり遺伝子の発現量の大小も評価できるというわけです。

DNA鑑定——DNAによる個人識別

これまでに、PCRを行うことで目的とするDNA断片を増幅できること、制限酵素を用いることでDNAを切断できること、ゲル電気泳動法によってDNA断片を分離・解析できることを紹介しました。これらを組み合わせることで、個人間における遺伝子の違いを配列レベルで調べることができます。その具体例として、RFLP（Restriction Fragment Length Polymorphism（制限酵素断片長多型））の検出を取り上げてみましょう。

RFLPとは、制限酵素によって切断されることで生じるDNA断片の長さが、個人間で異なる現象です。制限酵素は特定の配列を切断します。したがって、断片の長さが異なるということは、切断される場所のＤＮＡ配列や存在数が異なることを意味し、ＤＮＡの個人差を反映するのです。この方法を利用することで、まるで指紋を判定するように、個人の違いを判定することが可能になりました。

一卵性双生児をのぞいて、ＤＮＡの配列には必ず個人差があります。しかしＤＮＡのどこでも個人差があるというわけではありません。指紋と同じで、個人差が出やすい場所は決まっています。そのような場所は、遺伝子マーカーと呼ばれています。そのひとつに、マイクロサテライトというものが挙げられます。マイクロサテライトとは、数塩基の単位配列からなる繰り返しであり、たとえば-ＣＡ-ＣＡ-ＣＡ（ＣＡリピート）といったものが有名です。この繰り返し回数は個人間において異なることが知られています。このことから、マイクロサテライトの反復パターンを調べることで、個人を識別することが可能となるのです。

１９８４年にアレック・ジェフリーズ博士が発表した最初のＤＮＡ鑑定では、遺伝子マーカーをＰＣＲで増幅し、適切な制

図 2-14　DNA 鑑定

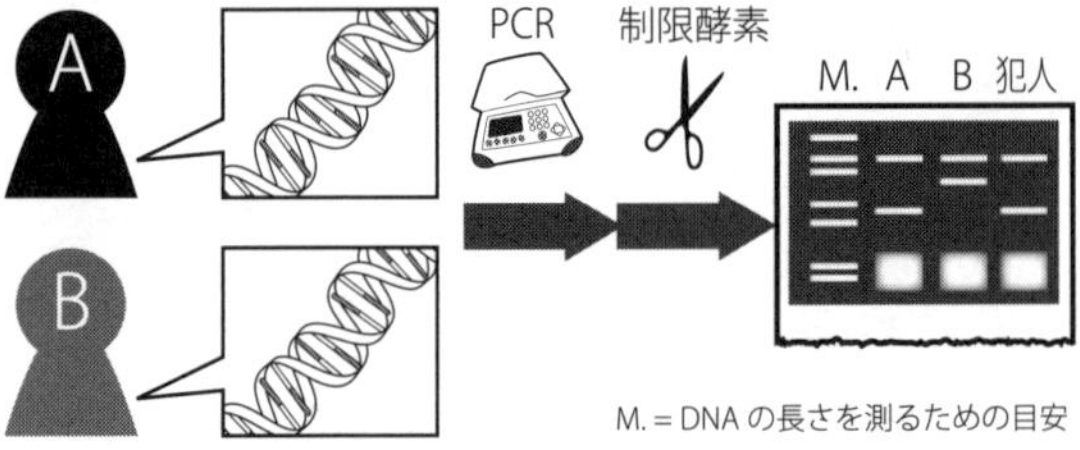

限酵素で切断してゲル電気泳動し、個人の特徴的なバンドパターンが得られました。このパターンが他の人と一致する可能性は限りなくゼロに近いため、個人の特定が可能となるものでした。DNA鑑定はその後さらに発展しています。現在の犯罪捜査では、STR法（Short Tandem Repeat法）というDNA鑑定法が用いられています。これは、DNA中の短い繰り返し配列からなる領域に注目し、その反復数の違いから個人を識別する方法です。わずかな生体試料が存在すれば、短時間かつ低コストでそのDNAを分析することが可能です。これにより、犯行現場に残された一滴の血液を用いて、容疑者の中から犯人を特定したり、逆に犯人ではないことを証明したりすることができるのです。

遺伝子組換え生物の作製と細胞を利用した有用物質の生産

科学者は遺伝子の正体を明らかにすると同時に、それを解析する技術を確立してきました。54ページで紹介しました「遺伝子組換え技術」は私たちにもう一つの可能性も与えてくれています。すなわち「ものづくり」への応用です。現在、医薬品に代表される多くの有用な産物が遺伝子組換えに基づくバイオテクノロジーの応用で生産されており、その数は年々増加しているのです。

1980年ごろまでは、酵素やホルモンといったタンパク質の生産は、動物組織からの抽出に頼るしかありませんでした。ところが、その単離・精製は、大変な困難をともないます。目的のタンパク質が生体内においてごく少量しか存在しない場合には、何頭もの動物を犠牲にしても非常に限られた量しか入手できないからです。このような状況に革命をもたらしたのが、バイオテクノロジーです。必要とするタンパク質の設計図となる遺伝子さえわかれば、その遺伝子を単離し、微生物などの細胞内に入れる（トランスフェクション）ことで、目的とするタンパク質を大量かつ効率的に生産することが可能になったのです。

遺伝子を得る方法――クローニングと人工遺伝子合成

目的とするタンパク質を生産するためには、まず設計図となる遺伝子断片を手に入れる必要があります。この遺伝子断片を入手することを、「クローニング」とよびます。ほんの数年前までは、クローニングはとても骨の折れる作業でした。しかし今ではヒトやマウスであればすでに全ゲノムが解読されており、ほとんどの遺伝子がカタログ化されています。ｉＰＳ細胞の作製に使われた遺伝子は公的な機関から入手できます。また、ＤＮＡそのものを人工的に合成してしまう人工遺伝子合成というビジネスも普及してきています。

また、クローニングの目的は、自然界にある天然の遺伝子断片を入手するだけにはとどまりません。目的とするタンパク質を、よりたくさん生産したり、より高性能に改変したりすることが求められているのです。ここでも、先に説明した人工遺伝子合成が活躍します。

タンパク質は非常に複雑な高分子化合物のため、どこをどう改造すれば性能が良くなるのか、事前に予測することは極めて困難です。これまではそのような研究をする場合、遺伝子にランダムな変異を入れる処理を施し、無数のクローンから性能の良いものをスクリーニング（探し出す）する実験などがおこなわれていました。ところが、ランダムな変異ではタンパク質の本来の機能まで損なわれてしまったり、予想外の反応がおきてしまったりして実験を効率よく進めることができませんでした。人工遺伝子合成の技術を使い、ＰＣＲなどとうまく組み合わせることで、遺伝子配列の特定箇所だけにランダムな変異を入れたり、特定の部分だけをランダムに短く切ったりするなど、ピンポイントに変異をつくったクローンを入手することができるようになりました。

図 2-15　遺伝子クローニング

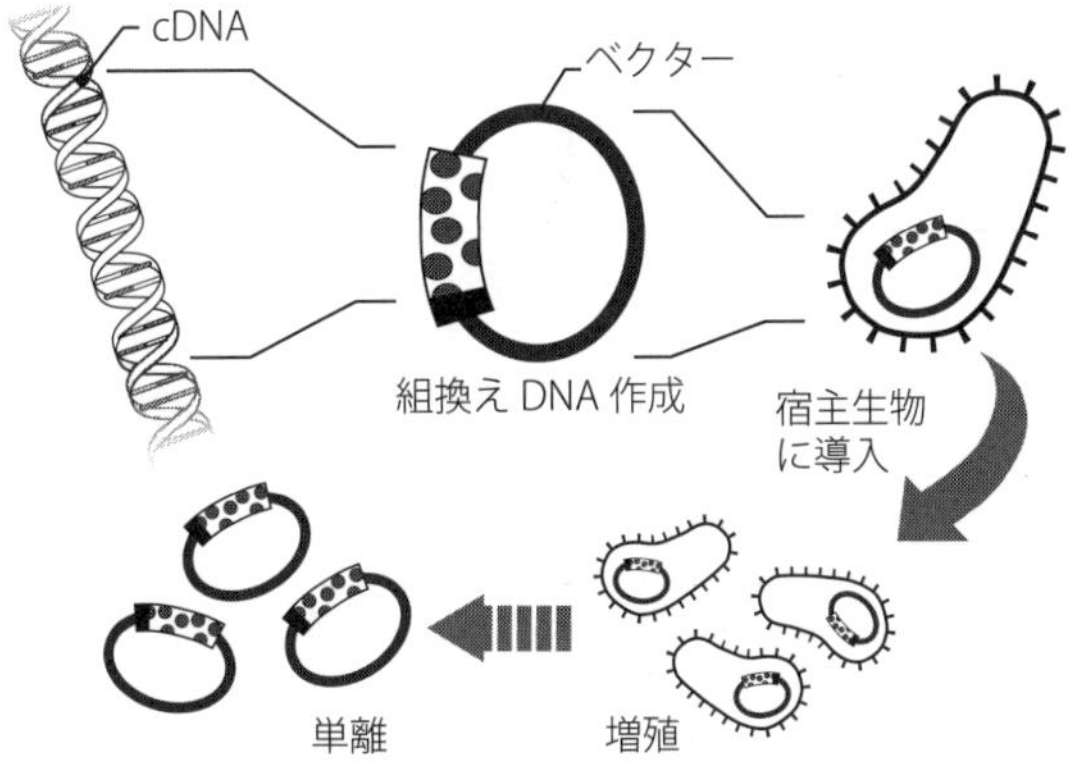

発現ベクターのデザイン——遺伝子組換えで活躍する酵素たち

遺伝子を入手したあとは、細胞でタンパク質を作らせる準備にはいります。細胞に遺伝子を入れてタンパク質を作らせるには、「ベクター」に遺伝子を運ばせます（42ページ参照）。たとえば、iPS細胞の作製時には、4種類のタンパク質を細胞に作らせるために、ウイルスベクターを用いて対応する遺伝子が細胞の中に導入されています。

図 2-16　遺伝子組換えの概念図

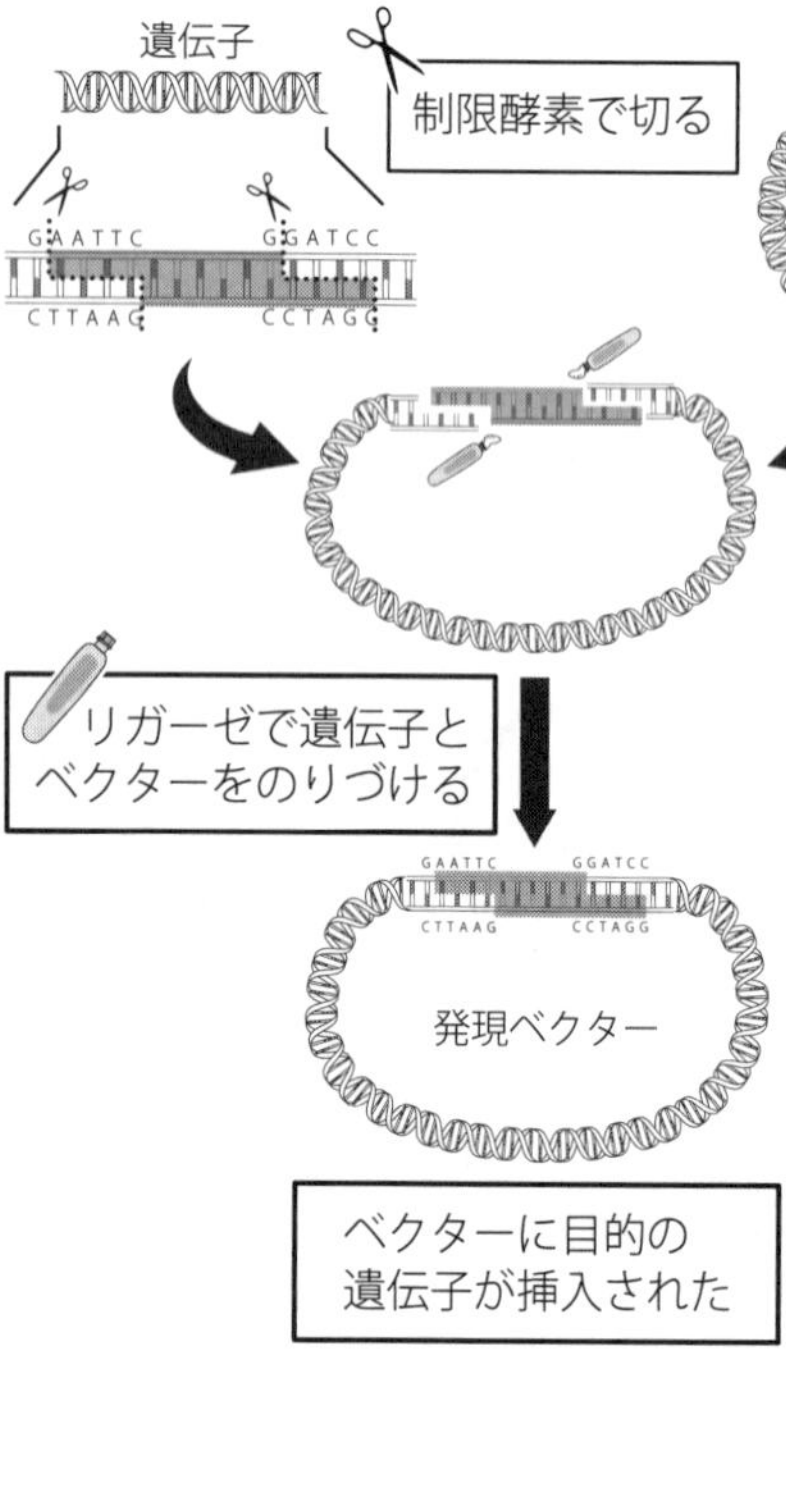

細胞に遺伝子を入れるために使用されるベクターのうち、細胞にタンパク質を作らせる目的で使うものを「発現ベクター」と呼びます。タンパク質を効率よく細胞で作らせるには、細胞に適した発現ベクターを選び、さらに遺伝子を具合よくそのベクターに組み込む作業が必要になります。では、よく使われているベクターの一つ、プラスミドベクターを例に発現ベクターのデザイン（構成）についてみてみましょう。

プラスミドベクターは、哺乳類由来の細胞だけでなく、大腸菌や酵母といった単細胞生物に遺伝子を送り込むことを得意とするベクターで、環状のＤＮＡです。このＤＮＡには、細胞の中で遺伝子を発現させる記号の書かれた配列（この配列を、プロモーターといいます）や、自己複製を調節する配列、それから遺伝子を組換えるために便利な配列やシーケンスのための配列が存在します。

遺伝子をプラスミドベクターに組み込むには、ＤＮＡの〝はさみ〟である制限酵素や〝のり〟であるリガーゼなどを使います。また最近では、相同組換え酵素をつかった技術も広く使われるようになっています。これは、細胞の中で二つの似たＤＮＡ配列同士が入れ替わってしまうという現象を応用したもので、遺伝子組換えの時間を飛躍的に短縮できます。

COLUMN

プロモーターって何？

プロモーターとは、遺伝子発現のオン／オフを決めるスイッチの役割を果たす塩基配列のことです。遺伝子のそばに存在し、ここにＲＮＡを合成する酵素が結合することによって転写が始まります。プロモーターは転写のオンとオフとを制御し、その速度を調整する役目を果たします。細胞の外から入れた遺伝子を発現させるためには、その細胞に適したプロモーターを、あらかじめベクターに入れておく必要があります。どんなプロモーターを入れるかによって、タンパク質の発現量が変わります。タンパク質を作り過ぎると、それによって細胞が死んでしまうこともあります。研究者はタンパク質や細胞の性質を見極めながら、発現ベクターをデザインしています。

タンパク質工場を用いた医薬品の合成

大腸菌や酵母などの微生物はタンパク質の工場として、医薬品の生産に応用されています。たとえば、糖尿病の治療に有用なインスリンというホルモンの生産がよい例です。一昔前までは、ブタなどの生物からインスリンタンパク質が単離・精製されていました。しかし今日では、大腸菌や酵母によって生産されたものが医薬品として用いられています。

その実現のためにまず、前述した方法でインスリン遺伝子をクローニングします。これを大腸菌用の発現ベクターに組み込み、そのベクターを大腸菌に入れます。すると、その大腸菌の中でインスリンが生産されるようになります。最終的には、大腸菌からインスリンを回収して、精製します。大腸菌はすさまじいスピードで増殖するので、短時間で大量のインスリンを得ることができるというわけです。こういった組換えタンパク質の商業応用には、今

図 2-17　発現ベクターでタンパク質を大量生産

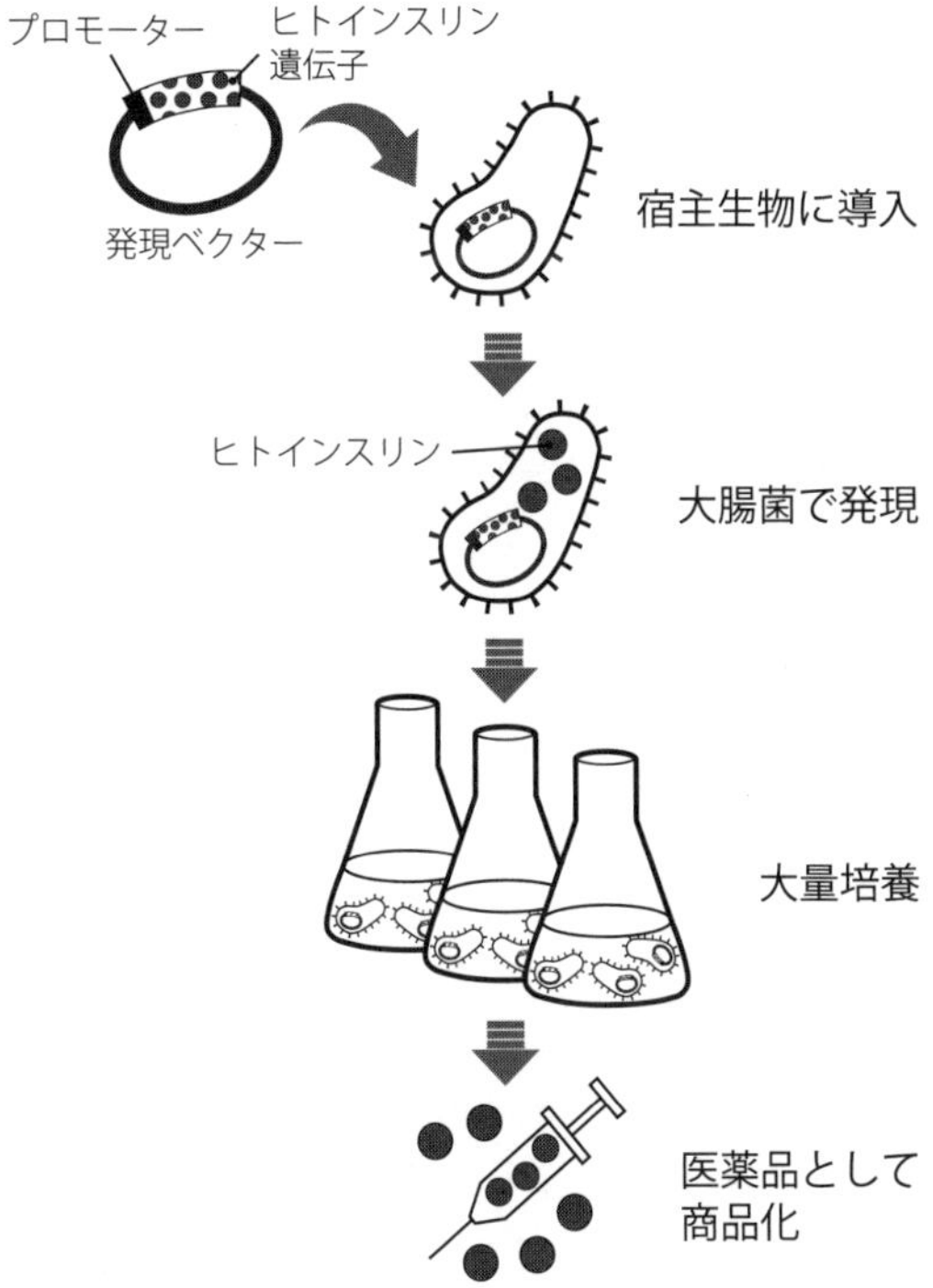

まで紹介してきた技術の確立が必要不可欠でした。インスリンだけでなく、現在産業的に販売されている酵素やタンパク質のほぼすべてが、「組換えタンパク質」という形で、生き物を利用したタンパク質工場で作られているのです。

一方で、がんやリウマチの治療薬として、抗体医薬の市場が拡大しています。抗体とは、特定のタンパク質分子など（抗原）を認識して、くっついてしまう性質のあるタンパク質のことです。たとえば、がん細胞のみを特異的に認識するような抗体には、がんの治療薬としての期待がもたれています。しかし、大腸菌では、ヒト抗体のように分子量が15万程度もある複雑な分子の発現は困難です。そのため、タンパク質工場の担い手として、動物細胞が研究現場で広く使われています。医薬品開発の現場では、とりわけヒトの腎臓由来の細胞が広く使われています。この細胞はトランスフェクションの効率が高く、タンパク質の発現量も多く、さらに細胞の増殖も速いため、タンパク質工場として注目されているのです。

③ゲノム科学

ゲノム科学の幕開け

地球上に最初の生命が誕生してから、38億年。生命誕生のその時から私たちの世代まで、「生き物の設計図＝ゲノム」は少しずつ変化しながら、しかし脈々と受け継がれています。このゲノムという言葉は、新聞やテレビではもうおなじみですね。2章では、ゲノムとはすべての遺伝子のセットのことで、また遺伝子はタンパク質の設計図であることを説明しました。これまで多くの研究者は、タンパク質の発現を指令する部分である「遺伝子」に注目してきました。しかし近年、ゲノムの中でタンパク質の発現を指令しない部分も重要な役割をしていることがわかってきました。

研究者がタンパク質の発現を指令する部分だけでなく、他の部分も含めたこのゲノム全体に注目し始めたのは、つい最近、ほんの10年ほど前のことです。きっかけは、次世代型のDNAシーケンサー（次世代シーケンサー）の登場でした。それまでの研究者は「キャピラリー型シーケンサー」を使って、遺伝子のごく一部のDNA配列、せいぜい数百個程度の塩基を扱っていました（71ページのコラム参照）。この程度であれば、たった1枚のA4用紙に表示することができます。しかし次世代シーケンサーが登場し、研究者が扱えるDNA配列の長さはA4用紙ではとても表示しきれないほどの莫大な量にまで増えたのです。これをA4用紙に換算すると、1億枚以上という途方もない枚数になってしまいます。

遺伝子の塩基配列を知ることと、ゲノム全体を理解することは大きく違います。それは英単語と英語の長文読解の違いに似ています。遺伝子の塩基配列がわかったというのは、英単語のスペルがやっとわかったという状態です。しかし英単語のスペルがわかればそれで英語が読めるようになるわけではありません。文法を正しく理解し、動詞や名詞などの各単語の役割を使いこなしてはじめて、英語の文章が理解できるのです。ゲノムも同じです。遺伝子（英単語）の配列がわかるだけではなくて、ゲノム全体（英語の長文）の理解が不可欠です。そしてこのようなゲノム全体を対象とする研究分野を、ゲノム科学と呼びます。

ゲノム科学は、2003年にヒトゲノムの解読が完了したのをはじめとして、最先端医療はもちろんのこと、さまざまな産業とも結びついて著しい発展を見せています。「テーラーメイド医療」という言葉をご存じでしょうか。まるで洋服を自分の体に合わせて仕立てるように、がんや生活習慣病をその人のゲノムに合わせて治療しようと挑戦する研究分野です。また現在、ヒトのゲノムだけではなく、あらゆる生物たちのゲノム解読が進められています。

本章ではゲノムとは何かといった基本的な事項から、ゲノムの最新研究や進化の歴史、さらにはゲノム解読の技術発展までさまざまな観点から紹介します。

ゲノムをどうして研究するの？

「ゲノム」という言葉は、本書のみならず新聞やテレビでも日常的に見聞きします。ゲノムは、gene（遺伝子）とchromosome（染色体）（もしくは全体を現す“-ome”）を組み合わせた造語です。仮にゲノムを図鑑にたとえると、遺伝子が図や写真の一つひとつ、それが一冊の図鑑となったものが染色体、そして図鑑が全部セットになったものがゲノム、といえるでしょう。ヒト細胞のゲノムを図鑑セットで表すと、全23巻もの大部の図鑑シリーズで、それが2セットあることになります（男性の細胞のみ、性染色体のセットはX染色体とY染色体の2つに分かれま

図 3-1　ゲノムの語源

gene：遺伝子
+) chromosome：染色体（もしくは -ome：全体）

genome：ゲノム

＊chromosome の語源
chromo：（染）色＋some：体

す）。

ゲノムの配列を読み解くことによって、そのヒトの特徴が簡単に明らかにされます。ヒトの体を構成する細胞は皮膚や爪、髪など形や性質など多種多様かつ複雑で、ひとつの細胞を取り出して、それぞれを個別に調べるのはとても大変です。しかし、基本的にどんな細胞においても、ゲノムの数そしてその配列は同じです。どの細胞を調べても、普通と違うゲノムの配列が見つかったら、それは病気の原因になり得ると即座に見抜くことができます。ですから、ゲノムを調べられるようにする、ということは生命科学や医学の研究にとって、とても重要なことなのです。

ゲノムを細胞の基準にする、言い換えると標準化するためには、その配列を知る必要があります。ヒトのゲノムを知ることで、より多くのことが理解できるようになるのです。そうして1990年代にはじまったのが、「ヒトゲノムプロジェクト」と呼ばれる大規模プロジェクトでした。ヒトゲノムプロジェクトは、ヒトの染色体に含まれるDN

図 3-2　ヒトゲノム図鑑全23巻

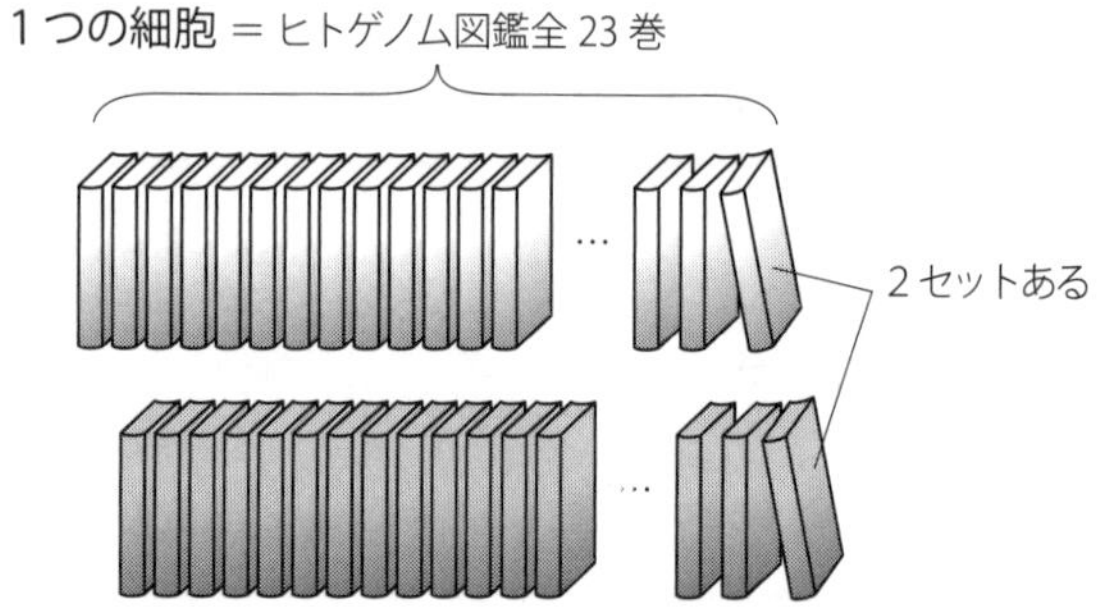

A配列を、すべて読んでしまおうという壮大な計画でした。これは、どのくらい壮大な計画だったのでしょうか。当時のDNAシーケンサー（キャピラリー型シーケンサー）では、一回の実験でせいぜい500塩基対程度の長さの配列しか正確に読むことができませんでした。ヒトゲノムの大きさは30億塩基対もありますから、これでは600万回分も実験をしなければならないことになります。しかし当時は途方もないと考えられていたこの計画も、世界各国の研究者の努力と、さまざまな技術革新により約10年で結実してしまったのです。

ゲノムに書かれた生命の暗号——ゲノムを読むと何がわかる？

1990年に米国でヒトゲノムプロジェクトが本格化し、2003年にヒトゲノムの解読が完了しました。その後、マウスや線虫などの研究用生物から、犬や猫など数百種以上のゲノムが解読されています。では、ゲノムを解読することで、一体どういうことがわかるのでしょうか？

ゲノムを読むと、「A」「T」「G」「C」の4文字で書かれた塩基配列がわかります。しかしこのままでは、ただの〝暗号〟です。つまり、どこに遺伝子があるのか？　どこが重要なのかはわかりません。すでにわかっている遺伝子配列と比較したり、ある特定の場所に変異を入れたりしてどのような影響が出るかなどいろいろな研究を経てはじめて、〝暗号〟がわれわれの理解できる〝情報〟になるのです。

2章で紹介したように、ゲノムの上には、われわれの体を作るタンパク質の情報を持つ遺伝子が点在しています。ヒトでは、遺伝子の割合は約3%で、残り97%はタンパク質を作らない領域だと言われています。つまり、ゲノムのほとんどはタンパク質の情報を持たないのです。

それでは、ゲノムの97%程度は無駄ということでしょうか？　これまで、これらの領域はジャンクDNA（ガラクタ配列）と呼ばれ、その名前の通り機能のない〝無駄〟なものと考えられていました。しかし近年、これらジャンクDNAの多くが、さまざまな遺伝子の調節に重要であることがわかってきました。つまりジャンクDNAは無駄ではなく、遺伝子を正しく働かせるために重要な役割を持っているのです。

もし、ゲノムの全体像がわからなければ、遺伝子の研究はまるで砂漠に埋もれた針を探すようなものです。目の前の遺伝子が、一体全体生命現象のどこを担っているのか、皆目検討もつかないでしょう。ゲノムを読んだからこそ、このようなこともだんだんとわかってきたと言えるのです。

ヒトゲノムの全配列がわかった今、研究者たちはこの時代をポストゲノム時代と呼びます。なぜこのような呼び方をするかというと、ゲノム解読の前後で生命科学研究が一変してしまったからです。物理や化学の教科書が10年で内容が一気に変わってしまうということはほとんどありませんが、生命科学の教科書は21世紀初頭を境にがらりと変わりました。そして、その変化のスピードはますます激しさを増しています。研究現場を変革するだけにとどまらず、医療や産業などさまざまな分野にその波がおしよせています。

ゲノムと体のつくりの関係

私たちの体は、両親の精子と卵子が受精し、お母さんのおなかの中でつくられてきました。このとき、ゲノムに記録された遺伝情報に基づき、ヒトという種に特徴的な体のパーツが作られていきます。ヒトの遺伝的な特徴はすべてゲノムに記載されています。たとえばまぶたが二重か一重か、耳垢が乾いているか湿っているか、えくぼができるかどうかなどもゲノムに記載されていると考えられています。また、体の特徴だけでなく、病気の原因となる遺伝情報もゲノムの中から見つかる場合もあります。メンデルの遺伝の法則に従う遺伝病（ハンチントン病やヘモフィリア（血友病）など）については、その原因となる遺伝子が特定されています。際立った例としては、一卵性の双子があります。双子がよく似ているのは、両者がまったく同じゲノムをもっているからです。このように、ゲノムは体のつくりのほとんどを支配しているのです。

しかし、一卵性の双子であっても、彼らの両親や彼らをよく知っている親友であれば、見分けることができるようです。一卵性の双子にも、よく見ると微妙な違いがあるのです。実は、体の特徴の多くは、遺伝的要因と環境要因の両方が関わる複雑な相互作用で作られるものだと考えられています。その原因のほとんどは、未だ明らかにされていません。ヒトゲノムの全解読が完了した今、個人個人のゲノムの差がヒトの個人差とどのように関わっているのか、今まさに研究が進められています。

COLUMN

一卵性双生児のエピゲノム

一卵性双生児は同じゲノムを持っています。一卵性双生児にとって、兄弟は同じDNAを持っていることから、互いにクローン人間だとも考えることができます。しかし、成長するとともに、身長や性格などにさまざまな個性が現れてきます。この〝個性〟は何がもたらしているのでしょうか。

一卵性双生児のゲノムを詳しく調べて見ると、成長とともにDNAの

図3-3　エピゲノム

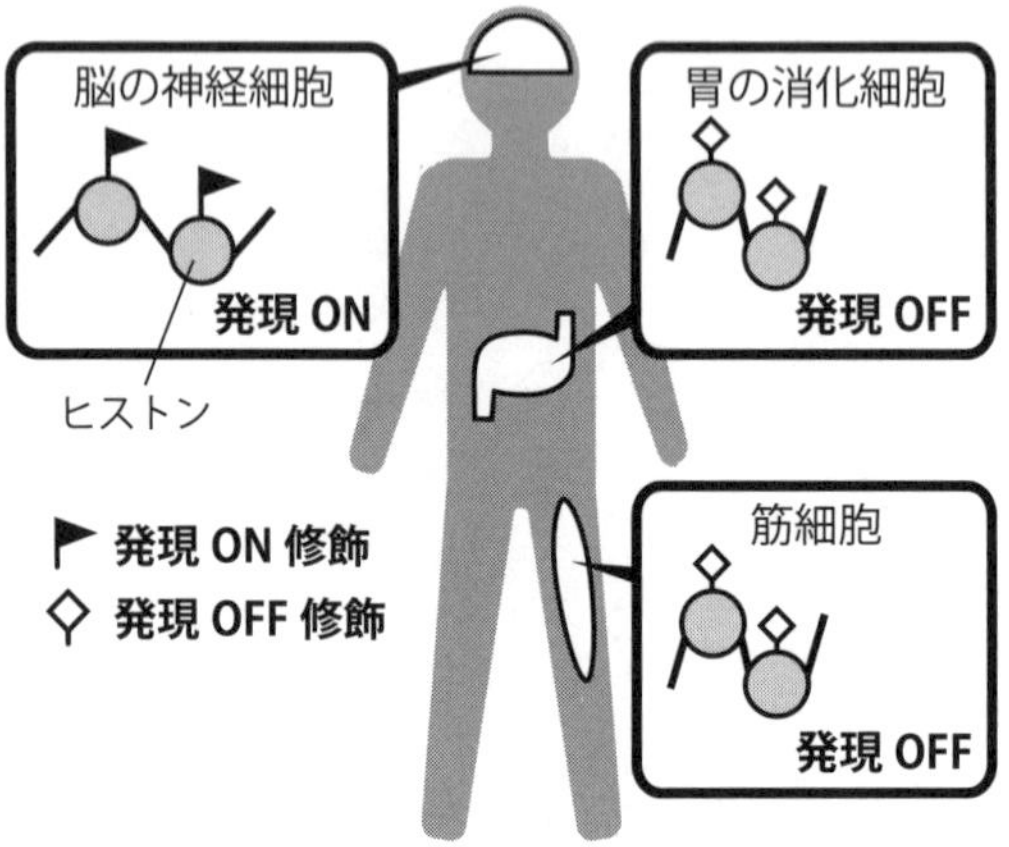

修飾やDNAが巻きついているヒストンの修飾に差異が生まれてくることがわかってきました、このようなゲノムの修飾を、エピゲノムと呼びます（詳細は、105ページのエピジェネティックの項を参照）。エピゲノムは環境によって変化し、遺伝子のON／OFFを制御すると考えられています。このことから、われわれの能力や寿命は、DNAの配列だけではなく、さまざまな環境要因によって左右されるエピゲノムが重要な役割を果たしていると考えられています。

あなたと私の差は、たった0・1％のゲノムの違い

一卵性の双子のゲノムはまったく同じです。では、赤の他人同士ではどの程度ゲノムは違うのでしょうか。ヒトの一つの細胞には、およそ30億塩基対のDNAセットが二つあります。その中で、個人間の差は約3000万塩基対あるといわれています。これは、おおよそ100塩基に一つの違いがあることを意味します。陸上100メートルの世界記録保持者ウサイン・ボルト、レディー・ガガ、そしてあなた。活躍する分野も人種もさまざまですが、その差はたった0・1％程度のゲノムの違いでしかないのです。割合で考えると非常に小さな差に感じますが、この違いが個人間の違いを決定するのです。

他人との相違の中でよく見られるのが、ゲノム塩基配列の中の一塩基だけ変異したSNP

（スニップ：single nucleotide polymorphism（一塩基多型））です。タンパク質をつくる配列の中のSNPは、そのタンパク質の性質に違いを生み出すことがあります。最も有名なものは、「お酒の強さ」に関するSNPです。私たちがお酒を飲むと、アルデヒド脱水素酵素2（ALDH2）の働きによって、アルコール（エタノール）からつくられたアセトアルデヒドが代謝されます。この酵素の遺伝子に、酵素の活性を弱めるSNPが存在すると、アルコールの代謝能力が落ちることがあります。お酒を少し飲んだだけで顔が赤くなってしまう人は、もしかしたらそのSNPを持っているのかもしれません。

生活習慣病も、実はSNPに原因があるかもしれません。しかも、一つのSNPではなく、複数のSNPが複雑に関わっている可能性が指摘されています。また薬の効果や副作用なども、SNPの関与があることが予想されています。研究の現場では、SNPを見つける作業とともに、SNPと疾患・薬との関わりを解析して、病気に関連する遺伝子を見つけようとしています。

何百万個もあるSNPの情報は、医師や研究者が一度に覚えきれるものではありません。ですから、これらの情報はデータベース化され、誰でも扱えるように整理されています。こうすることで、将来的には、遺伝情報を基にした個人個人にあった予防や治療を可能とする医療（テーラーメイド医療）を実現することが、期待されています。

遺伝子同士はどのように関わりあっているのか

生き物は、たくさんの遺伝子が互いに関わり合い、適切なタイミングで正しい場所で働くことで成り立っています。普段はあまり考えませんが、私たちは、最初はたった一つの細胞である〝受精卵〟から始まったのです。その後、何度も細胞分裂を繰り返し、眼や耳、心臓、鼻などさまざまな組織や器官を作り上げます。この体づくりにはいくつもの遺伝子ネットワークが関わっています。体をつくるときだけではなく、大人になった今でも、体を維持し、病気と闘い、そして脳で物事を考えるときにもさまざまな遺伝子ネットワークが活躍しています。

遺伝子ネットワークでは、関係し合う遺伝子同士は互いに抑制したり、あるいは促進したりしながら互いを制御しています。では、この遺伝子たちはどのように互いの制御を行っているのでしょうか。自動車にたとえてみましょう。自動車はたくさんのパーツでできています。ハンドルはタイヤの向きを変え、エンジンはタイヤを駆動し、ブレーキは車を止めます。しかし、もしハンドルがなかったらどうでしょうか。たった一つのパーツがなくなっただけですが、車を操作できなくなってしまいます。生き物もこれと同様で、たった一つの部品（遺伝子）が欠けただけで、死んでしまう場合もあります。一方で、たとえば車のパーツの中で、カーナビが壊れたらどうでしょう。不便ですが、走行には支障がないですね。生き物でも同じような例があります。アルデヒド脱水素酵素の遺伝子に異常があっても、お酒に弱くなるだけで、命を落とすというわけではありません。

このような遺伝子ネットワークの研究では、複数の遺伝子の挙動を観測する必要があります。マウスを使った研究では狙った遺伝子を働かなくさせた「ノックアウトマウス」を作ったり、狙った遺伝子の働きを弱くする「RNA干渉」という方法で遺伝子を「ノックダウン」して、狙った遺伝子のタンパク質がつくられないようにできます。このときに、別の遺伝子の動きやタンパク質の化学的な状態を網羅的に解析してしまう方法があります（122ページ参照）。このように新しい技術の創出によって、莫大な数の遺伝子のネットワークを一挙に解析できるようになりました。

遺伝子ネットワークを解明することは、われわれのような生物がどのようにしてできたのかという疑問の一つに答えを与えてくれると同時に、臓器の形成の仕組みや疾患の発生メカニズムを理解することにもつながります。これは、再生医学や病気の治療にも役立つと期待できます。

COLUMN

遺伝子ネットワークの研究――体内時計

飛行機で海外に行ったとき、時差ボケに悩んだことはありませんか？　これは体内時計のズレに原因があるのです。体内時計とは約24時間周期で変動する生理現象のことで、ヒトからバクテリアまで多くの生物種に存在します。睡眠・覚醒、血圧・体温、ホルモン分泌といった広範な生理機能に影響を与えていると考えられています。最近、体内時計の制御に遺伝子ネットワークが重要だという報告がなされています。

　東京大学の上田泰己教授らは、さまざまな遺伝子の発現量を調べるマイクロアレイ法と、これらのデータを主にコンピューターで解析するバイオインフォマティクスを組み合わせたシステムバイオロジーと呼ばれる研究手法を用いて、哺乳類の体内時計の転写ネットワークを解き明かしています。このネットワークは、それぞれ朝・

図 3-4　時計遺伝子のネットワーク

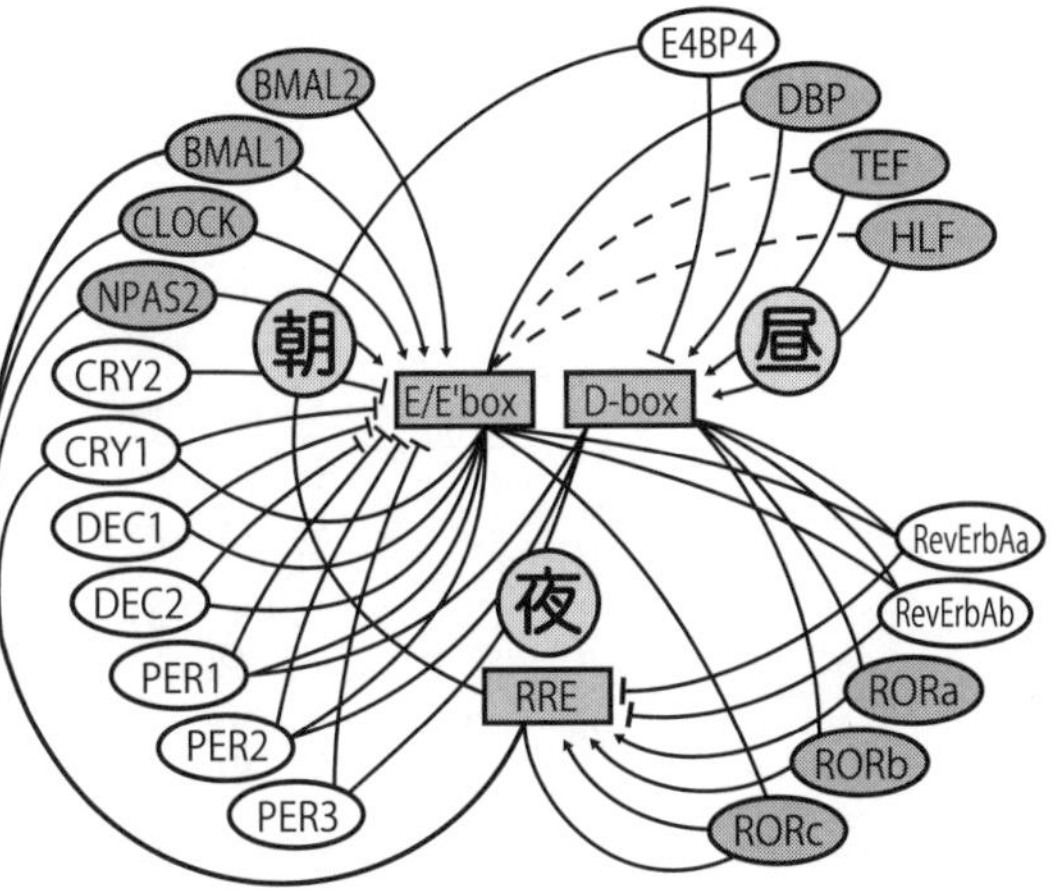

昼・夜の基本時刻に遺伝子を発現させるための3つの制御配列「E／E′box（朝配列）、D-box（昼配列）、RRE（夜配列）」と20個の時計遺伝子が互いに制御し合うことで複雑な転写ネットワークを形成し、24時間周期を作っていました（97ページの図3-4）。たとえば、時計遺伝子E4BP4（図上方）の発現はRRE（夜配列）によって制御されており、E4BP4自体はD-box（昼配列）の機能を不活性化しています。現在、体内時計以外にもさまざまな転写ネットワークが知られており、このようなネットワークにより遺伝子が制御され、生物の体は維持されているのです。

COLUMN

ヒトをヒトたらしめているものはなにか？

ヒトとチンパンジーは、見た目の姿や能力が大きく異なります。しかし、互いのゲノムを比較すると、その違いはたった1％程度に過ぎません。これはどういうことでしょうか？

最近のゲノム解析技術の発展により膨大なゲノム情報を処理することが可能になってきました（107ページ以降で解説）。そのような解析技術を用いた研究によって、ヒトのDNA配列の中で、約600万年前にヒトがチンパンジーとの共通祖先から分岐した後に急速に変化した領域が多数見つかってきました。その領域は祖先動物から約3億年前に分岐した鳥類のニワトリからチンパンジーまでは同じ配列ですが、ヒトでは他の動物とDNA配列が大きく異なっていたのです。

研究の結果、この領域の中には、脳の発育（HAR1、ASPM、hCONDEL332）、発話能力（FOXP2）、デンプンや乳糖の消化（AMY1やLCT）、道具の使用に重要な親指の発達（HAR2）、メスの排卵を促進させるペニスのとげの喪失（hCONDEL569）など、ヒト特有の機能に関わるゲノム領域や遺伝子が発見されました。これらがまさ

図3-5　ヒトたらしめているもの

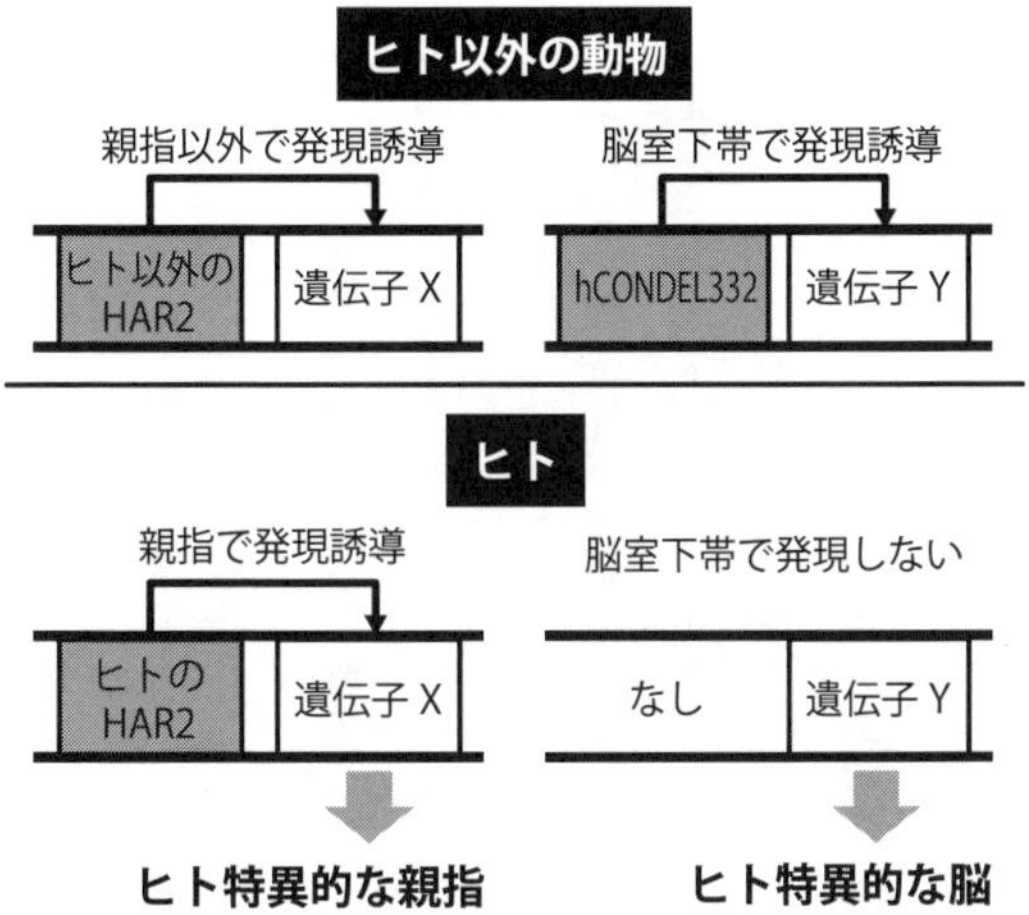

に、チンパンジーとヒトとの違いを決定づけているのかもしれません。
このような研究によって、ヒトをヒトたらしめているものの正体が分子レベルで明らかになりつつあります。

ゲノムと進化

最初の生命が誕生してから38億年。その時から現在までゲノムは受け継がれてきました。ではそのゲノムはどのような変遷（＝進化）を辿ってきたのでしょうか。そして現在のような生物の多様性は、どのようにしてできたのでしょうか?

いろいろな生物のゲノムが解読される以前には、生物の系統関係は化石情報や、形態学的形質や生理学的形質など、限られた情報を利用して推測されてきました。１８５９年にダーウィン（１８０９～８２）は自身の著書である『種の起源』において、自然選択説を提唱しました。同じ親から産まれた子の間にも違い（形質）があり、またその形質もある一定の頻度で変異します。そして個体間には食料・住む区域・光・水などについての生存競争が起こり、その結果としてその環境で有利な形質を持つ個体が生き残り、子孫を残します。彼はこれを自然選択と呼び、生物進化のメカニズムだと考えました。

一方で、ダーウィンの自然選択では説明できない現象もありました。自然選択説で注目される形質の変異※とは無関係（中立）に、ＤＮＡには多くの変異が蓄積していたのです。木村資生（１９２４〜９４）はこのことに注目し、ほとんどの突然変異は自然選択に中立であるという「中立進化説」（１９６８）を提唱しました。

この両者の考え方は統合され、現在では新しい進化理論として広く認知されています。この理論は進化系統樹をつくるのにも、インフルエンザウイルスの進化の研究などの場面で利用されています。

そして近年になり、ゲノム情報を読み取る技術「シーケンス技術」の発達によって、真核生物に共通して存在するミトコンドリアのゲノム（１０３ページのコラム参照）や、リボソーム遺伝子の配列情報を用いて、動物同士だけでなく、植物や菌類、微生物などの間でも互いに進化的な関係を明らかにすることができるようになってきています。

たとえば、動物の骨や外観に注目する形態学の古典的な知見では、脊椎動物に最も近縁な生物は「ナメクジウオ」などの頭索動物であると考えられてきました。ゲノム解読の結果、ホヤ類などの尾索動物が脊椎動物に最も近縁であることがわかったのです（次ページの図３−６参照）。

※ 形質の変異はタンパク質のアミノ酸が変化してしまうことで生まれる。ＤＮＡの変異は必ずしもアミノ酸を変化させるわけではない（１１７ページで解説）。

現在ではヒトをはじめ、マウス、ラット、フグ、ゼブラフィッシュ、ショウジョウバエ、線虫、…実にさまざまな生物のゲノムが読み解かれています。今後ゲノム科学を進めるにあたって、生物の系統関係はより正確に把握できるようになるでしょう。

「進化生物学」や「生態学」というと、一昔前は恐竜の化石を掘り起こしたり、微生物を培養する実験のイメージがありました。しかし、最近は優秀なプログラマーの多くがこの業界で働き、バイオ研究なのに実験室でピペットを握るのではなく、パソコンに囲まれたオフィスで研究をしている研究者の姿も増えてきました。このような流れにのって、コンピューターなど生命科学以外の分野で学んだ学生もゲノム科学に大勢参入しています。

図 3-6　ゲノム解読による系統樹の再構成

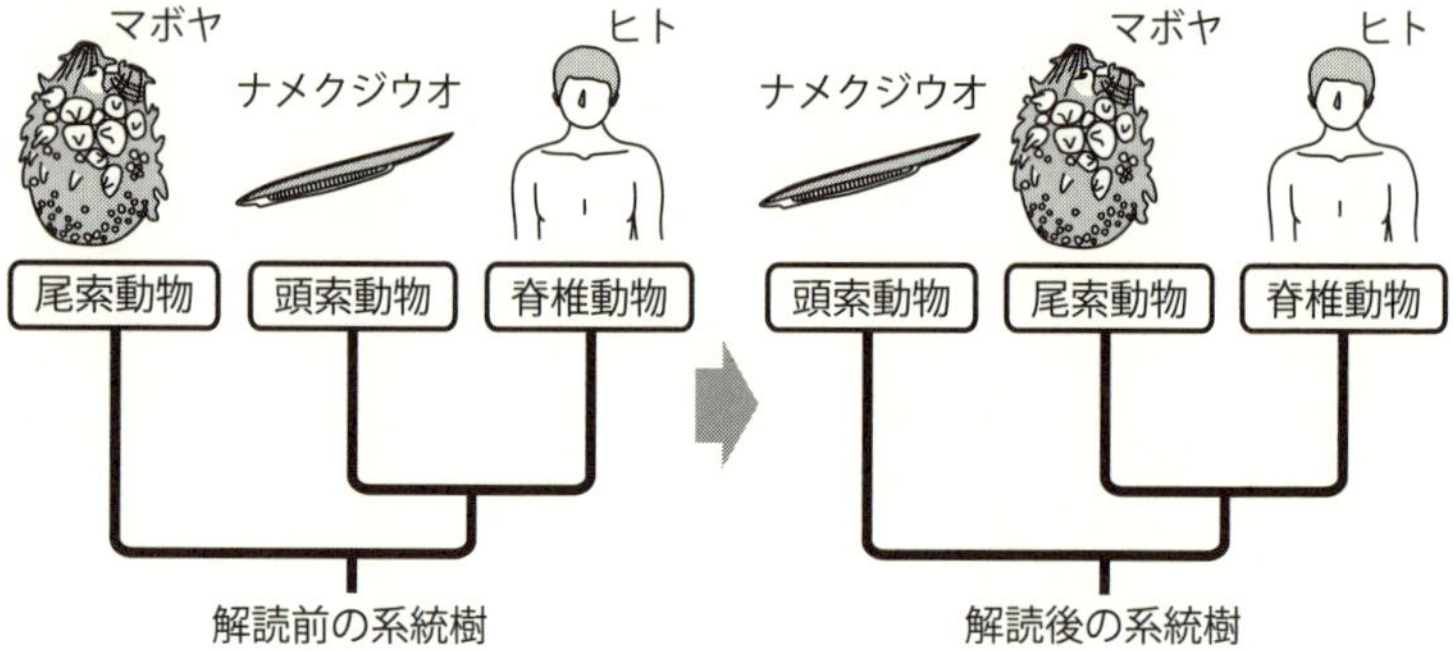

COLUMN

「僕らの細胞の中には別の生物が！」――細胞内共生説

太古の昔、地球上の大気に酸素はほとんどなく、生物たちは有機物を分解したり、原始地球の海底火山の噴火口や熱水口の近くで、水素と二酸化炭素からメタンを合成する際に出るエネルギーを得ていたと考えられています。

しかし、20億年ほど前に光合成細菌のシアノバクテリア（ラン藻の一種）が登場して、環境は一変し、大気の酸素濃度は上昇し始めました。当時の生物たちにとって酸素は猛毒であり、嫌気性の古細菌たちは、酸素への適応に迫られました。一部は深海や高温の温泉などに身をひそめましたが、海洋の大部分ではほとんど絶滅してしまったといいます。このような中、猛毒であったはずの酸素からエネルギーを生産できる好気性細菌が誕生します。一方で嫌気性の古細菌は、酸素への適応に迫られます。あるとき、嫌気性細菌の一部（もしかしたらたった一匹）と好気性細菌は、なにかの偶然で〝共同生活〟をし始めました。嫌気性細菌が好気性細菌を取り込んだのか、はたまた好気性細菌が嫌気性細菌の中に入り込もうとしたのかは、定かではありません。少なくともこの〝共同生活〟は、嫌気性細菌にとっては体内にいる好気性細菌が有害な酸素をどんどん吸収し、余ったエネルギーを供給してくれるので好都合だったと考えられています。この共生はその後脈々と続き、私たちヒトの細胞にもあるミトコンドリアになったのだと考えられています。この考えは細胞内共生説と呼ばれています。

ミトコンドリアがもとは独立した細菌であったと考えられる根拠は、ひとつにはこれらが細胞の内部で、宿主の細胞とは無関係に分裂によって増殖することです。さらにミトコンドリアの内部には、独自のDNA、つまりゲノムが存在することも重要なポイントです。〝独自のゲノムを持つ〟ということは、もとは独立した生物であった大きな証拠だと言えます。また、ミトコンドリアのDNAが細菌と同じようにヒストンと結合しておらず、細胞内に独立して存在していることや、原核生物と同じ抗生物質によってタンパク質合成が阻害されることなど、細胞内共生説を支持する証拠は数多く存在しています。

図 3-7　ミトコンドリアの起源

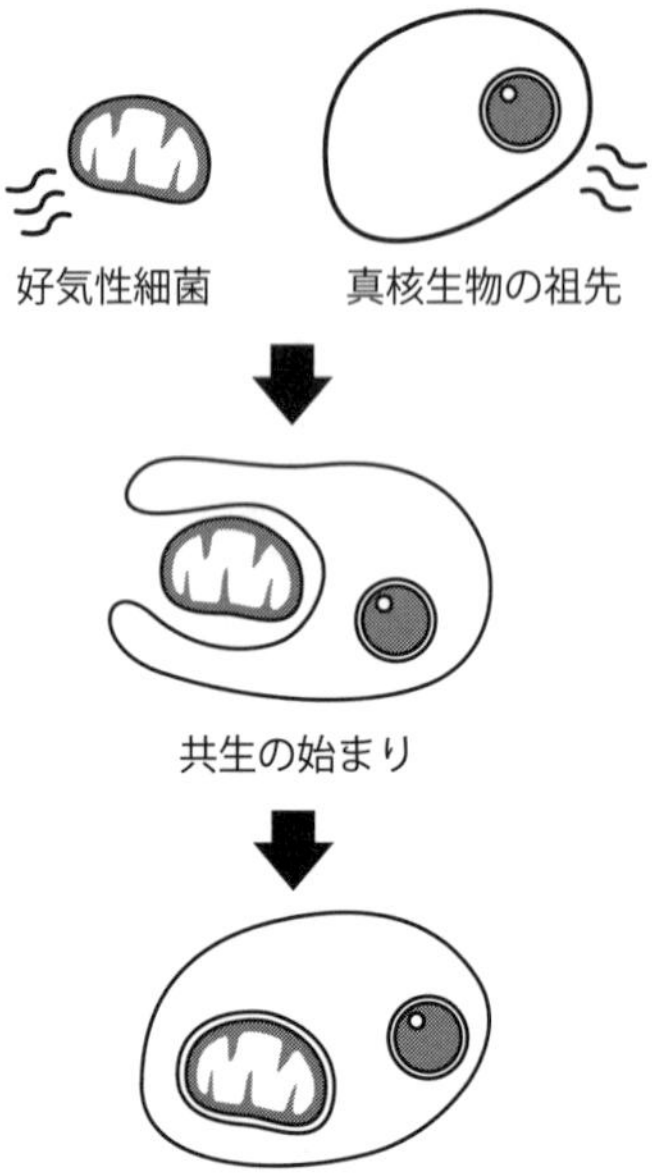

しかし、今ミトコンドリアを宿主から取り出しても単独で生きることはできません。これは長い共同生活の結果、自前で持っている必要のない遺伝子を失ったり、宿主細胞の核へと遺伝子が移動したり、ということが起こったからだと考えられています。

どこの細胞でもゲノムはすべて同じ？——エピジェネティックな制御

ちょっと自分の体を眺めてみてください。爪や皮膚、眼、髪の毛、…その形はさまざまですね。われわれヒトのからだは約２００種類の細胞から構成され、全細胞数は37兆個にも及びます。それぞれの組織や器官は全然違うものに思えますが、すべての細胞に同じゲノムが組み込まれています。

クローン技術とは「すべての細胞のゲノムは同じ」という考えを基礎にしたものです。つまり、体の細胞も受精卵もゲノムが変わらないのであれば、「受精卵のゲノムを除いて代わりに体のゲノムを入れれば、クローンができるのではないか」と考えたのです。そして１９９６年に誕生したのが、クローン羊「ドリー」です。

しかし、違う機能を持つ細胞たちは、本当に同じゲノムを持っていると言えるのでしょうか。もしそれが本当なら、たとえば皮膚をケガをしたとき、傷を治すために増えた細胞たちはどうやって「皮膚にならなきゃ！」を理解するのでしょうか。21世紀に入りゲノムが解読されると、ゲノムに塩基配列自体の変化はないものの、外界からの刺激でゲノムは後天的に修飾を受けることが明らかになってきました。このような後天的修飾はエピゲノムと呼ばれます。エピゲノム（epigenome）の“epi”はギリシャ語で「の上に」を意味します。エピゲノムとはＤＮＡ塩基配列以外のＤＮＡのメチル化と、ヒストンの修飾（メチル化、アセチル化、ＳＵＭＯ化、リン酸化、ユビキチン化など）で維持伝達される遺伝情報のことです。

この修飾の種類によって、遺伝子のON／OFFが制御されます。これによって組織ごとに違った遺伝子発現が見られるわけです。このようなエピジェネティックな制御は発生の過程で確立され、その後は細胞の記憶として働くことが分かっています。この修飾は、胚発生、細胞分化、体細胞クローン、ゲノムインプリンティング、X染色体不活性化、神経機能、老化など、実にさまざまな生物現象と関わっており、がんや先天異常をはじめとする多数の病気の原因とも関係しています。この修飾パターンは、食べ物やたばこなどの環境要因で変化することが分かってきました。こうして組織によって少しずつ、違った修飾を受けているのです。

ドリーのような体細胞のゲノムを用いたクローンは、成功率が非常に低いことが知られています。それはこのゲノムに、〝細胞の記憶〟であるエピジェネティックな修飾がされてしまっているために、全能性をもった細胞にするのが難しいのです。エピジェネティックな修飾は「あなたは○○細胞」という細胞たちにとっての一種の目印と言えます。

図3-8　エピゲノム（猫）

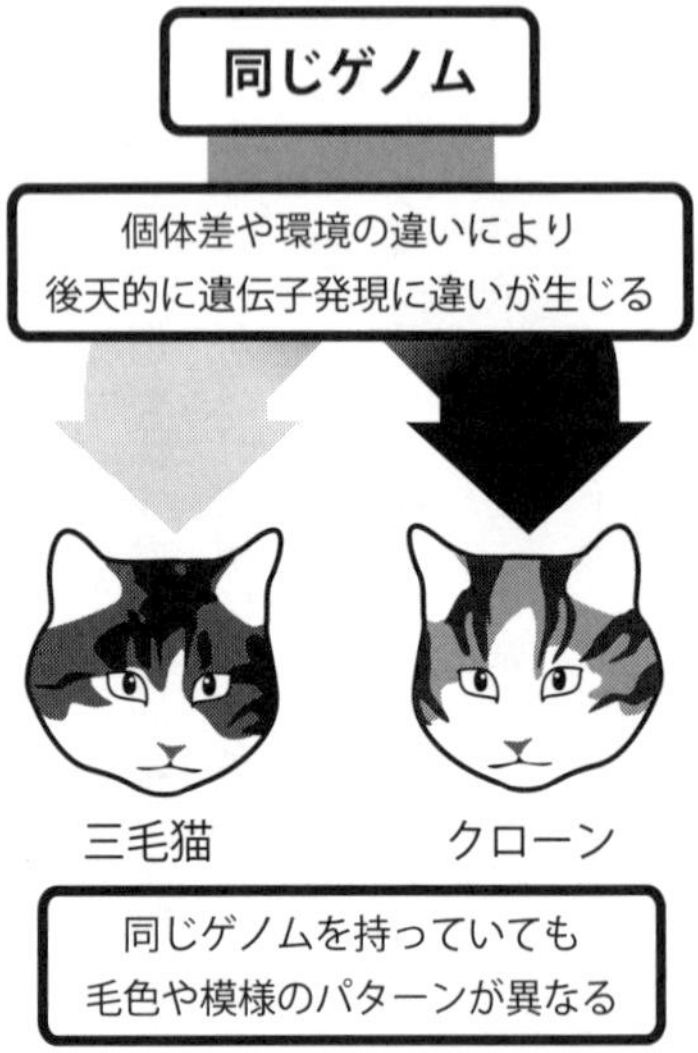
同じゲノム
個体差や環境の違いにより
後天的に遺伝子発現に違いが生じる
三毛猫
クローン
同じゲノムを持っていても
毛色や模様のパターンが異なる

エピジェネティックな修飾は発生の過程で確立され、その後は細胞の記憶として働きます。ノーベル賞で話題になったiPS細胞にも、このエピジェネティックな修飾が重要な問題として立ちはだかっています。すでに皮膚に分化してしまった細胞から万能細胞を作るというのがiPS細胞の技術ですが、一度皮膚の細胞として記憶されてしまったエピジェネティックな修飾を、ほぼすべて取り除く必要があると考えられています。しかしiPS細胞のエピジェネティックな修飾状態はまだ不明な点が多く、iPS細胞から作った組織や臓器をヒトに移植する夢の技術にはまだまだ時間が必要だと言えるでしょう。応用への期待が大きい技術ですが、だからこそ慎重な基礎研究の必要性も高いといえます。

ゲノム科学の最新事情

ゲノム解析技術——新世代のDNAシーケンサー

1990年に始まったヒトゲノムプロジェクトでは、2003年にヒトゲノムの解読終了が報告されました。このとき使われたDNAシーケンサーは、2章でも登場したキャピラリー型のシーケンサーです。ヒトゲノムをすべて解読するには、十数年の歳月と、数千億円もの予算が投入されたといいます。この計画は国際的なプロジェクトで、解析に関わった研究者の数ははかり知れません。もちろん、これはまだほんの10年前のお話です。このことを聞くと、「ヒトゲノムを読むだなんて、とんでもない時間とお金がかかる研究だ」と思われるでしょう。しかし、〝次世代シーケンサー〟と呼ばれる新型シーケンサーの登場により、たったの数年で状況は劇的に変わってしまいました。

２００８年、衝撃のニュースが発表されました。ＤＮＡの二重らせん構造を発見した研究者の一人、ワトソン博士個人のゲノムを解読した論文が発表されたのです。この、博士のゲノムの解読に何千億円が費やされたのでしょうか。それがなんと、費用としておよそ１００万ドル（日本円でおよそ1億円）のコストだけで解読してしまったというのです。このとき使われたのは当時最新型であった次世代シーケンサー「４５４シーケンサー」（現在ではロシュ・ダイアグノスティックス社が販売）でした。

１９９０年代には何千億円もかかるといわれた解読がたったの1億円ですから、破格のディスカウントです。しかし、ディスカウントはさらに続きます。現在では次世代シーケンサーのHiSeq X Tenシステム（イルミナ社）を用いれば、なんと１０００ドル（約10万円）でヒトゲノムが解読できてしまいます。すでにゲノム解読の商用化も進んでおり、日本国内でもゲノム解読を依頼することが可能です。20年の間にヒトゲノム解読コストは１００万分の1になってしまいました。次世代シーケンサーは、1年で性能が数倍になるという驚異的なスピードで発展しています。半導体の業界では1年半で性能が倍になる「ムーアの法則」

が有名ですが、それをはるかに凌駕する速度で発展しているのです。

次世代シーケンサーのあゆみ

ここでは、ゲノム科学を劇的に変えてしまった最新のＤＮＡシーケンサー技術と、その将来の技術展望について紹介します。

2章のコラム（71ページ）で登場したキャピラリー型シーケンサーでは、ダイターミネーター法を用いていました。これは、ＤＮＡを複製するＤＮＡポリメラーゼと、その複製をランダムに止める塩基（ターミネーター）を用いて、いろんな長さのＤＮＡの断片を細いキャピラリーの中で電気泳動するというものです。しかしこの方法では、断片の長さが最大でも数百塩基、どんなに頑張っても１０００塩基以上を読むことはできません。ヒト

図 3-9　次世代シーケンサーのランニングコストの変遷

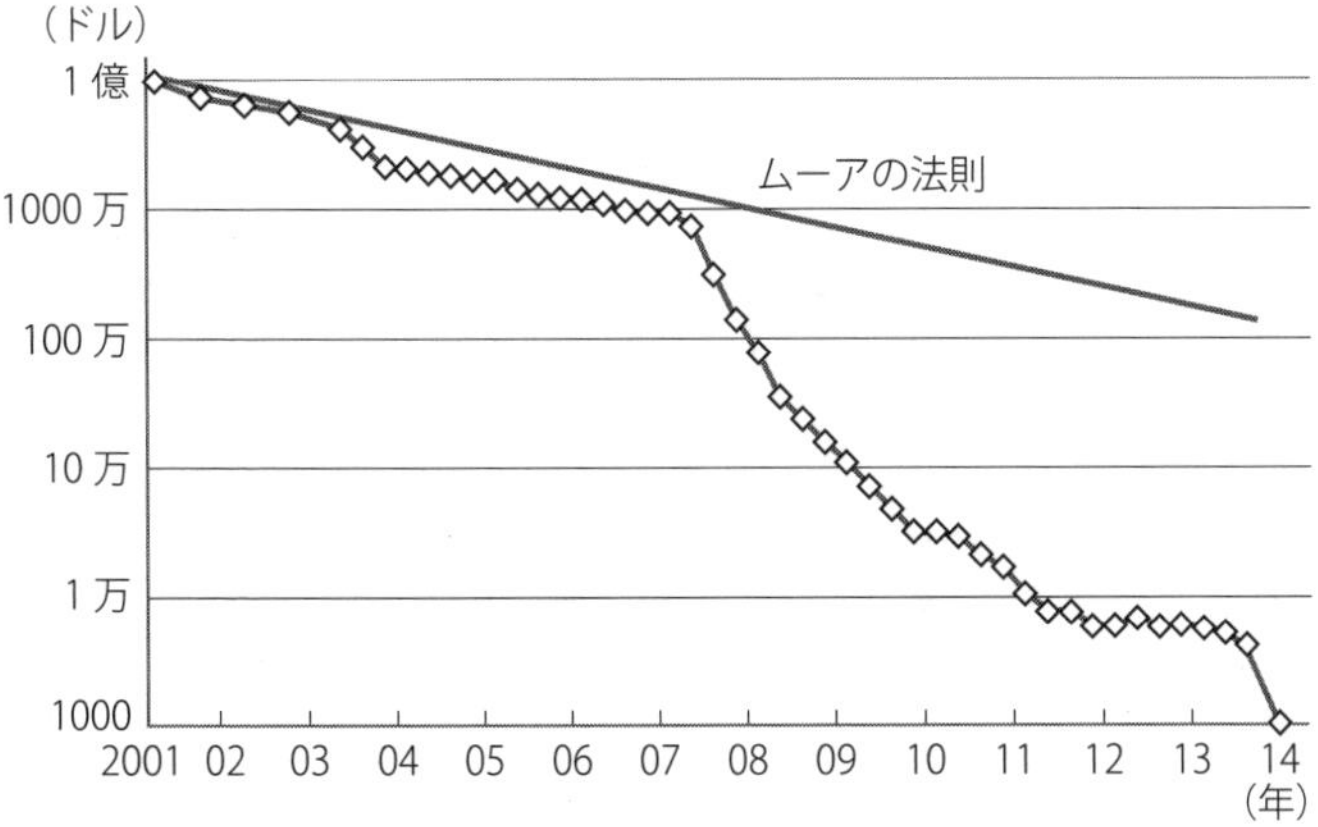

出典：http://www.genome.gov/sequencingcosts/

ゲノムは30億塩基もの長さがあります。仮に、ヒトゲノムを500塩基ずつの断片にしたとすると、600万個もの膨大な数になります。実際にはDNA断片を綺麗に揃えて用意することはできないので、さらに何十倍、何百倍もの量を解読する必要があります。これを一つひとつキャピラリー型シーケンサーで読んでいては、膨大な時間とコストがかかってしまうのです。

このことから、ヒトゲノムを解読することは、個人の研究者では不可能だと考えられてきました。そして、世界各国の研究者が共同し、担当を分担して解読をスタートしたのが、ヒトゲノムプロジェクトです。このプロジェクトは1990年にスタートし、世界各国が協力して大勢の研究者と約30億ドル(約3000億円)といわれる費用を要しました。プロジェクトは2003年にはいったんは終結し、ヒトゲノムの全要がついに明らかになりました。しかし、ゲノム科学はまだ個人の研究者が取り組めるような、手軽なものでは決してありませんでした。研究者がゲノムを研究できるようにするためには、革命的な技術革新が必要だったのです。

ゲノム解読の〝ショットガン〟

最初の革命は、2000年に起こりました。セレラジェノミクス社のクレイグ・ベンターらが「ショットガン・シーケンシング法」によって、ヒトゲノムプロジェクトよりも先に、ゲノムを解読してしまったのです。これは、これまでのDNA断片一つひとつをていねいに解読する手法とは異なりました。ショットガン・シーケンシング法では、とにかくランダムにたくさんの断片をシーケンスし、コンピューター解析でそれをつなぎ合わせるのです。このコンセプトは、非常にシンプルです。しかし、ヒトゲノムの文字数は、新聞の朝刊2万日分に相当します。これを500文字ごとにばらばらに切り刻み、それを復元するとしたら、それは途方もないパズルの解読になります。当時、誰もがそんなことは無理だと考えていました。

しかしベンターらは、これが最も早く、かつ安くゲノムを読める方法だと考え、ショットガン・シーケンシング法を商業化します。解読したゲノム情報を公開・販売するというビジネスモデルをつくり、資金を集め、何台ものスーパーコンピューターと多くの技術者を用意することができました。結果的に、ベンターはヒトゲノムプロジェクトよりも早く、ゲノム解読に成功します。費用

図3-10　ショットガン・シーケンシング法

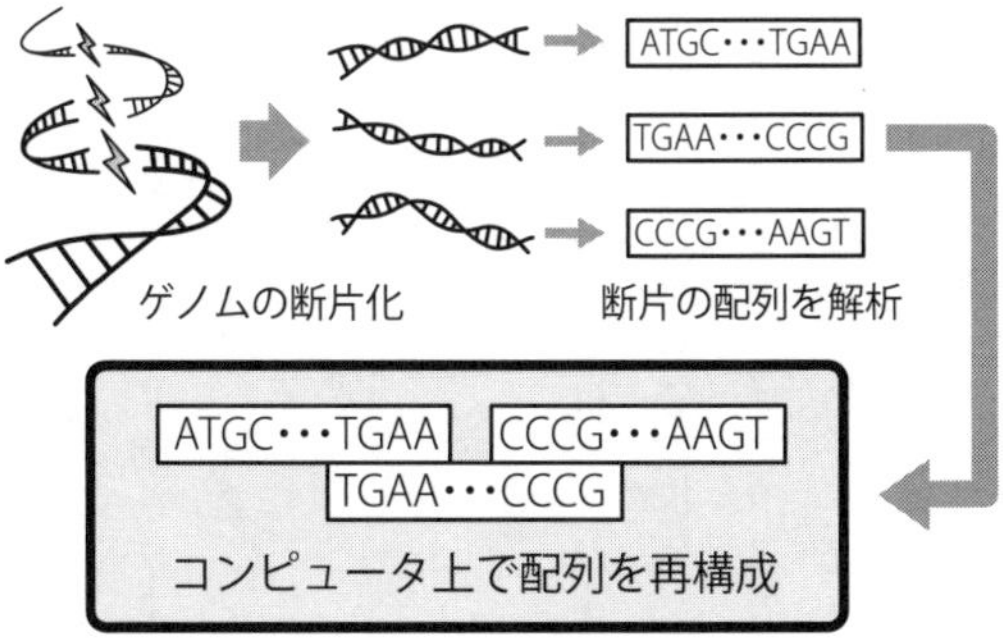

もヒトゲノムプロジェクトの30億ドルに対し、10分の1であるたったの3億ドルだったといいます。

一方、ゲノム解読を商業化し、ヒトの遺伝情報を売買することの是非について議論がわきおこりました。ヒトゲノムの配列は人類共通の財産であり、個人のビジネスに使うのは不適切であると考える人もいたからです。このことでベンターは世界中の研究者から非難されます。しかし、彼らがショットガン・シーケンシング法の有用性を証明したことは、科学にとって大きな貢献であったことは間違いありません。

次世代シーケンサーの登場

次の革命は、2005年に起こりました。発明家で実業家でもあるロスバーグは、これまでにない画期的なDNAシーケンサーを発表します。のちに「454」と呼ばれる次世代シーケンサーの登場です。「454」は、ロスバーグが設立した「454ライフサイエンス」という社名に由来します。「454」はスイスの製薬企業ロシュに買収されましたが、現在でも研究者の間では愛称として使われています。

この「454」が登場したことによって、複数のDNA断片を、一度にシーケンスすることができるようになりました。先に登場していたショットガン・シーケンシング法のDNA解析プログラムを用いることで、ゲノムの解析速度は飛躍的に増加したのです。こうして、この技術は前述の2008年のワトソン博士のゲノム解読に使われました。このときの費用は1億円程度でしたが、これにより、ヒトゲノムの解析コストは5年程度で100分の1以下になってしまったのです。まさに画期的な発明でした。

ロスバーグはその後、大手製薬企業グループのロシュに「454」を売却しましたが、今度は別のシーケンサーの開発を始めます。「454」で確立した次世代シーケンスの技術ですが、より安く装置を作ることができ、ランニングコストも優れた技術として、〝光〟を使わない次世代シーケンサーの開発に挑戦します。新たに彼が着目したのは、水素イオンです。DNAポリメラーゼが反応するとき、ピロリン酸と水素イオンを放出します。彼は、この水素イオンがシーケンスに使えるのではないかと考えました。

水素イオンは、水溶液に放出されると、その水溶液を酸性にします。つまり、DNAポリメラーゼが反応すればするほど、溶液は酸性に傾くのです。このときの酸性度を測定できれば、〝光〟を使わなくてもDNAシーケンスが行えるのです。彼は新たにイオントレント社を設立し、新型のシーケンサーを開発します。

彼の新しいコンセプトのシーケンサーは、社名から「イオントレント」という愛称で呼ばれ、急速に研究者に広まりました。そして発売を控えた2010年末、彼は会社をライフテクノロジーズ社に売却します。ライフテクノロジーズ社は、当時キャピラリー型シーケンサーとPCR技術でトップシェアを誇るメーカーで、「454」を買収したロシュとはライバル関係にありました。あえて競合する企業に売却することで、価値をより高めたのでしょうか。ロスバーグは発明家としてだけではなく、事業家としての腕もなかなかのものでした。

２０１１年になり、イオントレント型シーケンサーは発売されました。光を使わないことで光学顕微鏡などの大掛かりなシステムが不要となり、まさに画期的な発明であったといえます。しかし、ｐＨの変化で連続する塩基の長さを測るという技術には、連続する塩基が長くなると読み間違いの可能性が高くなるという問題点が指摘されました。

ゲノム解読の〝モンスターマシン〟

21世紀になり、たった10年の間に複数のメーカーが新型の次世代シーケンサーのシステムを発表してきました。絶えず新しいシステムが登場しては、それが淘汰されていきました。そんな弱肉強食の世界でほぼ「一人勝ち」状態なのが、シーケンシング・バイ・シンセーシス（ＳＢＳ）法を用いる、Ｓｏｌｅｘａ（現在はイルミナ社から販売）システムです。公共ゲノムデータベースの登録件数ではシェア7割以上を占め、多くの研究機関ではゲノム解析の標準システムとして導入されている実績があります。

ＳＢＳ法は非常にシンプルです。シーケンスにピロリン酸や水素イオンなどを用いることはありません。蛍光物質でそれぞれ色分けされた「Ａ」「Ｔ」「Ｇ」「Ｃ」の4塩基を使い、ＤＮＡが伸長するときの蛍光を顕微鏡に備えつけられたカメラで直接記録します。この方法では、登場した当初、30塩基ほどの短い配列しか読むことができませんでした。しかし徐々に長い配列も読めるようになり、２０１３年には最大で３００塩基（ＤＮＡ断片の両端の３００塩基を読むことで、合計６００塩基）もの長さを読めるようになっています。「４５４」で問題になった連続する塩基の読み取りの間違いがおきやすいという懸念もないため、ヒトゲノムだけではなく新規のゲノムの解読にも応用範囲が広がっています。たとえば、ゲノム解読には、すでに解読された生物種のゲノムを読む「リシーケンス」と、まったく新しいゲノムを解読する「新規のゲノム解読」がありますが、新規のゲノム解読には参考になる配列データが

図 3-11　SBS 法

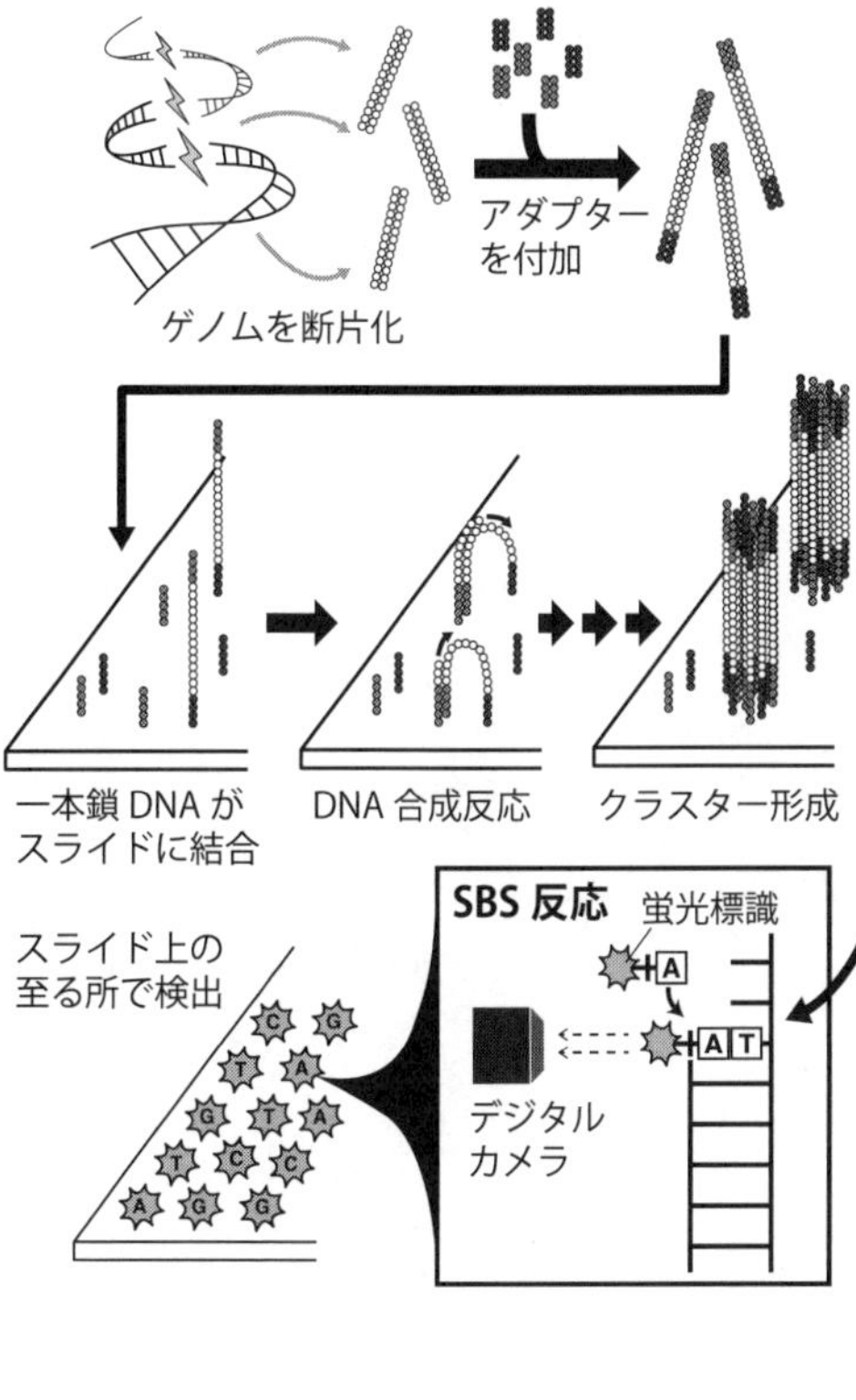

ないため、非常に高い読み取り精度が要求されます。ここでもSBS法は威力を発揮し、複数の細菌の新規ゲノムを迅速に決定するという試験をクリアし、アメリカのFDAで大規模採用されたという実績も作っています。

シーケンス開発は、「1000ドルゲノム」を掛け声にして開発が進められてきました。これは、たった1000ドル（日本円で約10万円程度）でヒトゲノムを解析するという意味で使われています。10年前には半ば冗談だった「1000ドルゲノム」も、2014年にはついに実現し、商品化されました。次世代シーケンサーの開発競争は、今でも激しさを増し新たな企業が参入してきています。まだ実績は少ないものの、1分子を読むことができるシーケンサーを販売する企業（パックバイオ社）も登場しています。2013年には、シーケンサー企業のライフテクノロジーズが、バイオテクノロジー大手のサーモフィッシャーに1兆3000億円で買収されたことが大きく報道されました。さらに翌1月には、ライフテクノロジーズのライバルであるイルミナ社とソニーがゲノム情報を扱う合弁会社を設立することも発表されています（ソニー株式会社ニュースリリース2014年）。これに連動して、ゲノム関連企業の株価はめまぐるしく変動するようにもなりました。シーケンサーを取り巻く開発競争はますます激しさを増し、金融市場からも大きな注目を集めています。

パーソナル・ゲノムの時代

映画『GATTACA』や人気アニメ『機動戦士ガンダムSEED』では、個人のゲノムが読まれる時代が舞台となりました。これらの世界観では、未来社会では誰しもが生まれてすぐゲノムを解読し、そしてデータベースなどに登録し、医療などの場面で利用されるということが描かれています。しかしこれは、もはや映画やアニメだけの話ではありません。今、現実のものになりつつあるのです。ゲノム解読技術が一挙に進んだことで、研究や医療の現場では新しい研究テーマが続々と登場しています。もちろん倫理的な問題は多々ありますが、それは5章にて詳しく議論しましょう。ここでは、現在の研究のトピックをいくつか紹介します。

私たちは、父親と母親からそれぞれ30億塩基対のゲノムを受け継いでいます。つまり、細胞一つにつき合計で60億塩基対のゲノムを持っています。この60億塩基対には、〝個人差〟として1塩基の変異（SNP）が数百万個あると考えられています。仮にそれが300万個だと仮定すると、1000塩基対に1個の割合でSNPがあるのです。これはかなり多いと思われますが、しかし一つひとつのSNPの影響は少ないのです。

その理由は主に三つあります。第一に、2章のコラム（60ページ）で説明したように、DNAは3つの塩基の並び（コドン）によって20種類のアミノ酸の一つを決めるため、1塩基の変異だけではアミノ酸の決定に影響がない場合が多いのです。第二には、ゲノムは一つの細胞に2コピーあるので、片方の遺伝子が壊れてももう片方がそれを補完できることが考えられます。第三には、たとえ2個あるゲノムの両方で同じ遺伝子が壊れたとしても、「遺伝子ネットワーク」はかなり頑健にできていて、見かけ上は何も影響がない場合も多いのです（遺伝子を壊したノックアウトマウス（1章のコラム（21ページ）参照）を作っても、何も変化がなくて実験が失敗に終わってしまう場合も多いのです）。

しかし、SNPがタンパク質の構造を変える位置にあり、しかも2個のゲノム両方にそれが存在し、さらに「遺伝子ネットワーク」の中でその遺伝子がとても重要な因子であるとき、そのSNPが病気の原因になったり、個性や人種の違いを引き起こしたりする要因になります。

また、ゲノムは不変ではありません。生物がゲノムを変化させながら進化してきたように、個体内のゲノムも変化する場合があります。たとえばがん細胞は、正常細胞のゲノムの一部に突然変異が起こることで生まれる場合があります。特に、細胞分裂が盛んで、DNAの複製が盛んである造血幹細胞や、腸の上皮細胞では発がんのリスクが高くなります。原発事故で放射能が怖いのも、放射線量が高いほどゲノムが変化する可能性が高くなるからです。

では、数百万個あるといわれるSNPのうち、一体どれが重要なのでしょうか。これはまだ研究者によって意見が分かれており、次世代シーケンサーによって続々と新しいSNPが今まさに発見されているところです。一部の病気やがんを除いて、特定のSNPが病気の原因になることは稀で、複数のSNPの存在が複雑に相互作用することで病気になったり個性を生み出したりしていると考えられています。

最近では東北地方にある東北メディカル・メガバンク機構によって、1000人の全ゲノム配列の高精度解読が行われ、1500万個にもおよぶ新しいSNPが報告されました（2013年12月)。このように、次世代シーケンサーで一挙にSNPを調べることができるようになると、ゲノム・コホート研究が注目されるようになります。「コホート」とは疫学用語で、特定の〃環境要因〃に曝された集団を指します。たとえば「喫煙者コホート」と言えば、喫煙者集団を指します。この場合のゲノム・コホートは、喫煙者の集団のゲノムを全部解読してしまうことです。

数百万個のSNPのうち、大多数は重篤な病気ではなく、肌や髪の色、性格、身長や体格などを決める要素だと考えられます。これは、サルとの共通祖先から分岐した人類が、500万年かけて人類集団の中に蓄積してきた進化の痕跡でもあります。つまり重篤な病気を引き起こすSNPは、この進化の痕跡に埋没してしまっているのです。

多くの人は性格や体格を決めるSNPに興味を持つかもしれませんが、国家プロジェクトで研究対象となるのは、まずは重篤な病気の原因になるSNPです。ゲノム・コホート研究では、たとえば白人集団やアジア人集団、あるいは沖縄県民集団などに注目して行うことができます。そうすることで、集団特有のSNPを特定することができるようになり、これまで埋もれてしまっていた、重篤な病気の原因となる稀なSNPを限定することができるようになったのです。

次世代シーケンサーの応用

これまで、次世代シーケンサーをゲノム解析の観点から紹介してきました。しかし、次世代シーケンサーはゲノム解析だけではなく、実にさまざまな応用が期待されています。ここでは、次世代シーケンサーでどのようなアプリケーション（応用例）があるのかを紹介します。

①メタゲノムの時代

これまでのゲノム解読は、一つの生物種由来のDNAサンプルを相手にしてきました。ヒトの培養細胞、マウスの培養細胞、あるいは培養された細菌のコロニーなどから得られたものです。しかし言うまでもなく、自然界には無数の生物が至るところで暮らし、それぞれが固有のゲノムを持っています。たとえば、あなたの腸の中にも、正体不明の微生物がひしめき合っているのです。しかし、そういった微生物がどんな種類で、どういった割合で存在しているのか、という研究はほとんど進んでいませんでした。

私たちの周りでは、目に見えない微生物がさまざまなところに存在します。微生物たちはより大きな生物の餌になったり、逆に他の生物を分解してエネルギーにしたり、あるいは私たちの腸の中の微生物のように、他の動物と共生して消化を手伝ってくれたり、と多種多様です。しかしこういった微生物は、試験管やシャーレなどといった実験室での培養が難しく、研究対象にはなりえませんでした。ところが次世代シーケンサーをつかうことで、そういった環境中に存在する無数の微生物のゲノムを研究することができるようになったのです。このような分野を、「メタゲノム」と呼びます。

メタゲノムで広く使われている手法として、16Sリボソーム遺伝子を用いた細菌叢《そう》解析があります。これは、多くの細菌に共通するリボソームの配列を次世代シーケンサーで区別し、その存在の有無や割合を統計的に決める方法です。こうすることで、他の環境との比較や、薬を飲む前後の腸内細菌叢の状態を比較することができるようになります。

微生物の状態が、私たちの健康への影響や、どのような環境に影響する要因になるのかについてはまだよくわかっていません。しかし、腸内細菌を扱う民間企業でも活用が広まっていて、インターネット上では乳業メーカーの技術セミナーをみることもできます。次世代シーケンサーがより手軽になる10年後くらいには、メタゲノムの研究成果による健康に良いヨーグルトがたくさん発売されているかもしれません。

②遺伝子発現解析の新しいスタンダード

次世代シーケンサーをつかうことで、網羅的な遺伝子発現解析を行うことができます。2章では、マイクロアレイ法について紹介しましたが、次世代シーケンサーはこれに代わる新しい遺伝子発現解析装置として期待されています。

遺伝子発現解析では、mRNAのシーケンスを行います。タンパク質が発現するとき、DNA配列はmRNAに転写されます。このmRNAを逆転写酵素を用いて、cDNA(complementary DNA(相補的DNA))にします。これを、ゲノムをシーケンスするときと同じように配列を読みます。

このようにして、mRNAとして転写された領域のシーケンスができるわけですが、シーケンスの配列そのものは重要ではありませ

図3-12　次世代シーケンサーとマイクロアレイ

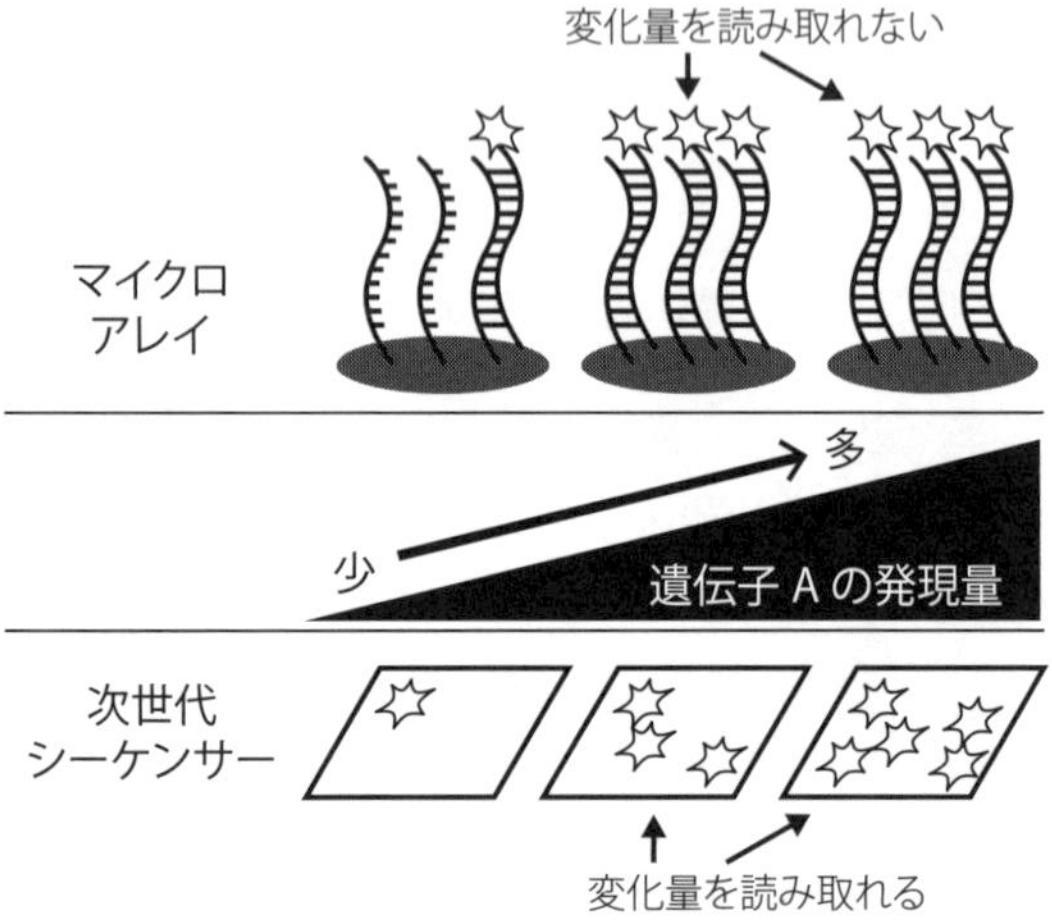

ん。重要なのは、ｍＲＮＡを数えることです。

たとえば、Ａという遺伝子は、通常は１００個のｍＲＮＡを転写しています。しかし、ある薬を加えることで、その量が1万倍の１００万個に増えます。研究者が、この薬の効果によって転写量が変化する遺伝子を探したいとき、これまではマイクロアレイしか方法がありませんでした。しかし、マイクロアレイは遺伝子の発現の強さを蛍光の強さに置き換え、それをスキャナーで読み取っている関係上、あまりにも蛍光の強さの違いが大きいときは正確に読み取ることができません。マイクロアレイを使うことでＡという遺伝子を探せるかもしれませんが、しかし1万倍という〝変化量〟を正確には読み取れないのです。この場合、別途ＰＣＲなどの方法によって、遺伝子発現の変化量を再解析する必要があります。遺伝子の数が多くなると、手間もコストもかかってしまいとても大変です。

そこで登場するのが、次世代シーケンサーです。次世代シーケンサーは、ｍＲＮＡの数を数えます。１００個でも、１００万個でも、同じように数えることができるのです。つまり、遺伝子発現量を、正確に反映したデータを簡単に得ることができます。しかも、次世代シーケンサーでは、対象とする生物のゲノムをあらかじめ知っておく必要もありません。マイクロアレイでは、あらかじめ対象とする生物の遺伝子のプローブを合成しておく必要がありますが、次世代シーケンサーなら、未知の生物のｍＲＮＡもいきなり研究することができます。

ポストゲノム時代のこれから

次世代シーケンサーの登場によって、たった数年でゲノム科学は凄まじい勢いで発展してきました。しかし、今はまだゲノムをやっと解読できたという段階です。これは、英語を習い初めた中学生が、初めて「長文読解」に挑戦するときと似ています。皆さんも、せっかく覚えた単語や文法の知識が、〝長文〟になると役に立たないと感じたことはありませんか。単語や文法の用法は、文脈によって意味を変えてしまうからです。今、ゲノム科学に携わる研究者は、そんな中学生と同じ感覚を味わっていると言えるかもしれません。

タンパク質を指令するDNA配列は、2章で学んだ遺伝子工学を使えば、大腸菌でタンパク質を作らせることができます。それにより、タンパク質の立体構造や、化学的な性質を調べることはできます。いわば、〝遺伝子の単語〟を調べるようなものです。しかし、その〝単語〟を全部、たとえば2万個を調べきれば生物のことをすべて理解できるか、というとそうではありません。ヒトも、ねずみも、はたまたハエのような虫でさえも、同じような〝単語〟を使っているのですが、姿形は全然違います。小説では、同じ〝単語〟を使っても、サクセスストーリーになることもあれば、恋愛悲劇になることもあります。重要なことは〝単語〟一つひとつの意味なのではなく、どの〝単語〟がどのタイミングで現れ、他の〝単語〟とどう関係するのか、というところにあります。研究者たちは、今まさにゲノムの「長文読解」に挑戦しているといえましょう。

皆さんにおなじみの恐竜アクション映画といえば、スティーヴン・スピルバーグ監督の『ジュラシックパーク』（1993年）でしょうか。ここでは、「化石から発掘されたゲノムをもとに恐竜を蘇らせる」というシーンがありました。しかし、本当にそのようなことを可能にするためには、ゲノムの「長文読解」に挑戦し、生物の設計図の全貌を明らかにする必要があるのです。

COLUMN

現代に恐竜を蘇らせる！

ジュラシックパークでは、琥珀（木の樹液）の中に閉じ込められた蚊の中から恐竜のゲノムを取り出し、それをカエルのゲノムとつなぎ合わせ、ワニの未受精卵から恐竜を蘇らせます。原作は1990年ですから、もう20年以上も前に創られたSFです。しかし、決していい加減な設定ではありません。たとえば、シベリアの永久凍土に眠るマンモスの細胞からゲノムを取り出し、現代の象の未受精卵を使ってマンモスを蘇らせようという試みも、実際にある話です。ゲノム科学が発展することで、すでに絶滅してしまった生物を蘇らせることができるかもしれないのです。ちなみに、映画ではワニの卵が使われていますが、恐竜に最も近縁な生物は実は鳥類です。ニワトリのゲノムはすでに解読済みですから、恐竜を蘇らせるにはニワトリの卵が使えるかもしれませんね。

次世代シーケンサーの開発競争とともに、今、ゲノム情報はものすごい勢いで増加し続けています。研究で使われる生物はもちろん、農作物、畜産、そしてメタゲノムにいたっては、ある環境中にいる微生物すべてのゲノムが読まれています。私たちヒトでも、個人のゲノムが読まれ始めています。このようにして、膨大なゲノム情報が増え続けているのです。

しかし、研究者が扱える研究対象は、まだゲノムのほんの一部でしかありません。増え続けるゲノム情報に対して、解析に使っているコンピューターの性能がまったく追いついていないのです。一部の先進的な

図 3-13　ニワトリと恐竜

研究者は特別に高性能なコンピューターを使えるかもしれませんが、ヒトゲノムがさらに安価で解析できる時代になれば、より多くの研究者がゲノム科学に参入してきます。そのとき、どのようなことが起きるのでしょう。

生命科学を専門とする研究者の多くは、コンピューターにそれほど明るくはありません。彼らが求めているのは、ゲノム解析のプログラムを扱えるＩＴ技術者との共同研究です。これは、両者にとって大きなチャンスです。生命科学の研究者にとっては、自分が研究している生物のゲノムを調べることで、今までにない発見と巡り合うことができるかもしれません。そしてＩＴ技術者にとってみれば、バイオテクノロジーの最先端にいきなり参入することができ、そしてその研究をリードする立場になることができる可能性があるのです。研究テーマは無数にあります。ユニークで優れた発想で、プログラムを書くことができれば、それだけで大きな研究テーマに広がることでしょう。ゲノム科学は、多くの研究者にチャンスを提供しているとも言えるのです。

ヒトは何を指標に異性を選んでいるのか？

あなたは恋人を選ぶとき、容姿、性格、経済力などを基準に選ぶでしょうか？　実は、化学物質である「匂い」も大きな役割を果たしているという研究結果があります。ブラウン大学のハーツ教授らは、「恋人選びのときに五感の中で何を最も重視するか？」というアンケートを男女３３２人に行った結果、男女ともに嗅覚を最も重要視していました。

では、人は異性の匂いを嗅ぐことによって、何を判断しているのでしょうか？　その一つはＨＬＡ遺伝子の型の「相性」だと言われています。このＨＬＡ遺伝子と好みについてローザンヌ大学のウェデキンド准教授らが行った興味深い実験があります。

男子学生に二日間同じTシャツを着させた後、女子学生にそのTシャツの匂いを嗅がせて、好ましいシャツを選ばせました。その結果、自分とより異なる型のHLA遺伝子を持った男子学生のシャツを選ぶ傾向がありました。男女を逆にしても同様の結果でした。また、ニューメキシコ大学のカーヴァー博士らは、100人以上のカップルについて二人の関係の満足度、浮気の有無を調査しました。すると、恋人同士のHLA遺伝子が近いほど、女性の満足度は低くなり、性交回数が少なくなっていました。また、浮気をする人数も増える傾向がありました。

このような恋人選びに影響を与えるHLA分子は、フェロモンの一種かもしれません。人では、フェロモンは鋤鼻器《じょびき》という場所で感知されているという仮説があります。この仮説によると、鋤鼻器で受けた刺激は視床下部に伝わりホルモンの分泌を促しますが、大脳皮質を介さずに内分泌に影響を与えます。つまり、フェロモンを感じることで、無意識に相手を好きになってしまうというのです。

HLA遺伝子から作られるHLA分子は、体の免疫反応に重要な役割を果たしています。子孫のHLA遺伝子が多様性を持つことで、未知の病原菌に対抗することができる確率が高まります。自分のHLA遺伝子とは違う型を持つ異性に引かれるとしたら、そのような生物の生き残り戦略が背景にあったとしても、ありえない話ではありません。

●参考文献

1. Rachel S. Herz and Elizabeth D. Cahill 1997. "Differential use of sensory information in sexual behavior as a function of gender" *Human Nature.* 8, 275-286
2. Wedekind C. and Furi S. 1997. "Body odour preferences in men and women : do they aim for specific MHC combinations or simply heterozygosity?" *Proc R Soc Lond B Biol Sci.* 264, 1471-9
3. Christine E. Garver-Apgar, Steven W. Gangestad, Randy Thornhill, Robert D. Miller, and Jon J. Olp 2006. "Major Histocompatibility Complex Alleles, Sexual Responsivity, and Unfaithfulness in Romantic Couples" *Psychological Science.* 17, 830-5

ゲノム科学で人類の進化に迫る

私たちヒトはどのように誕生したのでしょうか。化石人骨を使ったゲノム研究によって、ヒトに最も近縁な旧人類であるネアンデルタール人の進化の謎に迫ることができます。化石人骨中のＤＮＡは、長い年月を経て分解され、短い断片になっています。しかし２００

6年にコンピューター解析でその断片をつなぎ合わせたところ、ネアンデルタール人と現生人類の祖先が約40万年前に分岐したことがわかりました。個々の遺伝子に関する研究も進み、彼らが白い肌と赤い髪であったことや、現生人類と同じように苦味を感じることができたであろうことなどが明らかになりました。

2010年におこなわれた大規模な解析では、私たちのゲノムの一部（1〜4％）に、

なんとネアンデルタール人のゲノムが含まれていることがわかりました（アフリカに住む人々を除く）。二つの人類が別れた後、再度別の場所で出会って子供をつくり、その子孫にネアンデルタール人のゲノムが受け継がれたのでしょう。２０１４年には、そのゲノムの正体も少しずつ明らかになってきています。そこには、皮膚がつくられる仕組みや、病気に対抗する遺伝子に関係する遺伝子もありました。私たちが環境変化や病原菌から身を守り生き残ってこられたのは、ネアンデルタール人からもらったゲノムのおかげなのかもしれません。

私たち自身を理解し研究や医療に役立てるためには、他の動物との比較を通して、ヒトという動物がどのように進化してきたのかを知らなければなりません。ゲノム科学が進むことで、今後もヒトの進化に関する発見が次々と発表されることが期待されます。

●参考文献

1. Noonan *et al.*, 2006. "Sequencing and analysis of Neanderthal genomic DNA" *Science.* 314, 1113-8
2. Lalueza-Fox *et al.*, 2008. "A Melanocortin 1 Receptor Allele Suggests Varying Pigmentation Among Neanderthals" *Science.* 318, 1453-5
3. Lalueza-Fox *et al.*, 2009 "Bitter taste perception in Neanderthals through the analysis of the TAS2R38 gene" *Biol Lett.* 5, 809-11

4. Green *et. al.*, 2010. “A Draft Sequence of the Neandertal Genome Science” *Science*. 328, 710-22. Sankararaman *et al.*, 2014. “The genomic landscape of Neanderthal ancestry in present-day humans” *Nature*. 507, 354-7

●参考文献
第1章
『iPS細胞』八代嘉美、平凡社新書、2008（当時、著者は東大の院生）
『なにがスゴイか？　万能細胞』中西孝之、技術評論社、2008
『iPS細胞ができた！　ひろがる人類の夢』山中伸弥・畑中正一、集英社、2008
『ES細胞の最前線』クリストファー・T・スコット、矢野真千子訳、河出書房新社、2006
『幹細胞の分化誘導と応用――ES細胞・iPS細胞・体性幹細胞研究最前線』山中伸弥・中辻憲夫ほか、NTS、2009
「iPS細胞研究ロードマップ（2009・6・24）」
「幹細胞研究の最新状況（2010・1・20）」
「幹細胞研究国際技術力比較調査（2007・7）」
「文科省：iPS細胞等幹細胞研究最新施策動向」（2009・1）
『再生医学のための発生生物学』浅島誠編、コロナ社、2006
『再生医学のためのバイオエンジニアリング』赤池敏宏編、コロナ社、2007
『iPS細胞――再生医学への道を切り開く』ニュートンプレス、2008
『この一冊でiPS細胞が全部わかる』金子隆一・新海裕美子、石浦章一監修、青春新書INTELLIGENCE、2012
http://www.fine.bun.kyoto-u.ac.jp/newsletter/n09a1.html

http://www.nikkei-science.com/page/magazine/0306/sp_5.html

第2章

『光るクラゲがノーベル賞をとった理由――蛍光タンパク質GFPの発見物語』生化学若い研究者の会編著、石浦章一監修、2009

第3章

『実験医学』「世代を超えて伝わる代謝エピジェネティクス」羊土社、2011

『ゲノムから生命システムへ』小原雄治・菅野純夫・小笠原直毅・高木利久・藤山秋佐夫・辻省次編、共立出版、2006

(細胞工学別冊)『比較ゲノム学から読み解く生命システム――基本概念から最新ゲノム情報まで』藤山秋佐夫監修、秀潤社、2007

『細胞の分子生物学(第5版)』Bruce Albertsほか、中村桂子・松原謙一ほか訳、ニュートンプレス、2010

『岩波 生物学辞典(第5版)』岩波書店

『ヒトゲノムの未来――解き明かされた生命の設計図』ネイチャー編、藤山秋佐夫訳、徳間書店、2002

http://www.lif.kyoto-u.ac.jp/genomemap/

http://www.riken.go.jp/r-world/info/release/press/2005/050902/index.html

番外編

合成生物学に魅せられた大学生の物語

この番外編では先端生命科学の一つとして注目されている合成生物学にフォーカスし、普通の大学生が合成生物学研究のコンテスト「iGEM」に挑戦する姿をドキュメンタリー形式で紹介します。物語の主人公ゆりこは架空の人物ですが、実在の女子大学生をモデルにしています。その大学生はiGEMに挑戦し、現在はアメリカに留学して活躍しています。このドキュメンタリーを通して、高校生や大学生のみなさんにも先端生命科学を身近に感じてもらい、この世界に飛び込むきっかけとなってくれればと思います。

はじめに

今、アメリカの大学生を中心として合成生物学の世界的なブームが起きています。興味を持った人はぜひ、合成生物学の研究を始めてみましょう。え、研究なんて簡単にはできない？　大丈夫です、合成生物学の研究ができるのは大学や企業の研究者だけではありません。合成生物学には、高校生や大学生から研究活動に参加できるiGEMと呼ばれるコンテストがあるのです。

大学入学

松島ゆりこは生物学がとても好きな、都立高校に通う普通の高校生だった。

ある科目が好きになったり、嫌いになったりするのに、先生の影響が大きいということはよくある話だ。ゆりこもそんな例にもれず、生物の先生の影響で生物学が好きになった一人であった。その先生はとても個性的だったけれど、食べ物を例にした説明はかっぷくの良い先生らしくて、ゆりこは好きだった。先生の手にかかれば、真核生物の細胞はおまんじゅうやおにぎりになってしまう。あんこが細胞核、梅干は核小体、という具合だ。

生物の先生は、教科書に載っていない最新の生物学の話もしてくれた。実はこれが一番面白くて、いつも授業を楽しみにしていた。

試験勉強はもちろん頑張ったけれど、授業やテストには直接関係のない生物の勉強もがんばった。図書館に通って生物学に関係する本を読んだり、夏休みには大学の公開実習に通って、学校の外でも生物学の実験を体験したりしていた。そんな高校生活を過ごすうち、ゆりこは自然と「将来は生物学者になるんだ！」という夢を抱くようになっていた。

高校2年生も残りわずかになると、いよいよ大学受験が目前に迫ってくる。「生物学者になるぞ！」という熱意を持っていたゆりこは、受験でも生物学系の学科一本に絞っていた。

実は、あまり裕福ではない家庭の事情もあって、東京の実家から通える国公立大学しか選択肢になかった。ゆりこは生物の先生に相談すると、先生はそれならばと、都民なら入学金が安い首都大学東京が良いだろうと勧めてくれた。首都大学の生物学の研究は、ショウジョウバエの系統保存事業や、植物学者牧野富太郎が作製した標本が所蔵されている牧野標本館などが有名で、昔の生物学科らしく生物を使った〝実験〟が盛んな学風であった。ゆりこはオープンキャンパスに参加したり、インターネットで研究室のホームページを見たりして、俄然、この大学を受験したくなった。

桜のつぼみが膨らみはじめるころ、嬉しい知らせが届いた。ゆりこは真っ先に先生に電話をいれた。

「先生、合格しました!」

「そうか。おめでとう。松島の夢に一歩近づいたな。大学に入ったら、生物学者を目指すんだろ?」

「はい、頑張ります!」

ゆりこはついに、憧れの首都大に入学することができた。生物学の伝統があるこの大学で学べることが、とても誇らしく感じた。「ここで、生物学者になるんだ!」そんな期待に胸を膨らませて、新学期はスタートした。

ところが、その期待は出鼻から挫かれてしまう。大学1~2年生が履修できる科目は教養科目といった専門以外の科目がほとんどで、ゆりこが一番楽しみにしていた生物学の実験にいたっては、入学当初は2週間に1回しかなかった。

そんなゆりこは、周りの同級生と同じように、勉強以外の活動が活発になっていった。サークルやバイト、日々様々な授業で課される宿題やレポートで休みらしい休みもなく、手一杯の毎日を過ごしていた。土日もほとんどつぶれ、一か月に一度の休みもないこともよくあった。普段一緒にいる友人も、サークルやバイト先の知り合いがほとんどで、同じ生物を勉強しているはずの学科の同級生と接する機会は、ほとんどもてなくなっていた。

ゆりこは、そんな忙しい生活（それは一見すると大学生活を謳歌しているともいえるが）を送る一方で、当初の志であった生物学に対する想いを失っていってしまった。文字通り「心を亡くした」生活を続けているうちに、大学に入った頃は唯一の癒しの時間であった数少ない生物学の講義でさえ、次第に受けるのが億劫に感じられるようになってしまった。教授が教科書の内容から逸れて、専門的でわかりにくい分野について長々と語り始めると、「早く授業終わらないかな…」などと思うこともあった。大学に入学して1年以上、勉学以外のことに毎日を追われているうちに、いつの間にか自分の「心」のよりどころだった生物学へ力を注ぐ気力も、体力も失いかけていた。

そんなゆりこは2年生のある夏の夜、駅から家までの道を、音楽を聴きながら歩いていた。バイト先の塾の夏期講習で帰宅が連日深夜近くになり、疲れきった体を引きずっていると、イヤホンから流れてきた何気ないフレーズが彼女の歩みを止めた。

「♪あなたの本当にやりたいことは何ですか？」

ゆりこは、その場に立ち尽くした。

「そうだ。私は何をするために大学に入ったのだろう。バイト？　宿題？　サークル？　いや違う」

「私が本当にやりたかったことは、こんなことじゃない！」

「生物学が好きだったんじゃないのか？」

「生物学をやりたくて大学に入ったんじゃないのか？」

ゆりこはそう考えると、今の自分が情けなくなってきて涙が溢れた。

「本気で、生物学をしたい…」

iGEMとの出会い

心機一転したゆりこは、翌日サークルをやめることを決心し、その空き時間を生物学や生物学周辺の科学の勉強にあてることにした。

「まずは科学の専門雑誌を講読しよう！」

学期末テスト明け、夏休みのがらんとした大学生協でバイオ系の科学雑誌を探した。ふと、手にしたバイオ系の科学雑誌『細胞医学』の表紙を見ると、「〝生物版ロボコン〟iGEM」

という見出しが目に飛び込んできた。
「〃生物版ロボコン〃？〃ロボコン〃なら知っているけど…」
記事には、iGEMとは新しい生物学の分野である合成生物学の世界最大規模の大会であること、学部生が大学ごとにチームを組んで遺伝子組換え技術によって新しい機能をもつ微生物を研究すること、毎年11月にアメリカの名門大学マサチューセッツ工科大学（MIT）でその成果を発表することが、記されていた。そして日本からも、東大、京大、東工大から出場者がいることも。

COLUMN

合成生物学とは？

合成生物学は、これまでの「見るアプローチ」の学問と異なり、「作るアプローチ」を主軸に置いた新しい生命科学の分野です。この分野の研究者が作る生命システムにはいろいろな種類があるため、ここではこれからの合成生物学で注目されている「人工遺伝子回路」について説明をします。

人工遺伝子回路は、電子回路が基盤上に電子部品を組み合わせて作られるように、細胞内で遺伝子部品を組み合わせて作ります。これは2章で紹介した遺伝子工学の技術と似ていますが、遺伝子工学では細胞に導入される遺伝子が少数であったのに対し、合成生物学では多数の遺伝子を組み合わせて細胞に導入します。このため、より自由度が高く、高機能な細胞をつくることができると期待されています。その一方で、多数の遺伝子を導入することで、それぞれの遺伝子の発現を制御することが困難になるという問題があります。この問題に対する有効な解決方法としては、遺伝子工学で使うツールを電子部品と同じように規格化し、いろいろな研究者が同じプラットフォームの上でアイデアを出し合える環境を作ることが重要だと考えられています。

日本からのチームは、〝大腸菌でタイタニック号を浮き上がらせる〟だとか、〝火星を地球に変える大腸菌をつくる〟だとか、とてもユニークな研究をしていて、「合成生物学」がどういうものか知らないゆりこも、記事を読んでいるだけでわくわくした。

ゆりこが何より興味を惹かれたのは、その記事に掲載されている学生たちの写真だった。

「みんないきいきとした顔をしている」

同じ生物学を志していた大学生なのに、気がつけばそれ以外のことで手一杯になってしまっていたゆりこはショックを受けた。

「私もこんな大学生になりたいな……」

ゆりこはレジでもらったおつりを握り締め、ため息まじりに雑誌をカバンにしまった。

夏休みが終わって後期の講義がはじまると、ゆりこはそれまでの受講の姿勢を改めることにした。まずは、教壇の目の前の席に座ることにした。高校での授業はせいぜい30人程度だが、大学での講義は軽く100人を越える受講生がいるため、講師が受講生と目を合わせることはほとんどない。だから教壇の目の前の席に座らないと、講師と目を合わせることもないし、主体的に講義に参加することもできない。ゆりこにとって教壇の目の前の席は、今一度、生物学への志を呼び覚ますための特別な席になっていった。

この受講スタイルを数週間続けるうちに、講師だけでなく、周囲に座る学生たちとの関係も構築されていった。講義が終わると、最前列に座る学生同士で講義についての議論がおこったり、時には休み時間になっても講師を離さないでディスカッションが続いたりした。そうすることで、サークルやバイトの友だちとはまったく違う、〝学友〟とも呼べるような友人も増えていった。

やがて、ゆりこはこの受講スタイルを、教養科目のすべての講義にも取り入れていった。たとえそれが、今までは先生と目が合うのが怖くて一番後ろの席に隠れていた、数学や物理学の授業であってもだ。

ゆりこにとって意外だったのは、今まで生物学とは関係がないと思っていた数学や物理学も、生物学と深く関わっていることを知ったことだった。たとえば、生物学の実験でよく使う顕微鏡をきちんと理解するためには物理化学の知識が求められるし、酵素反応を論じるには微分方程式の計算が必要となる。特にショックを受けたのは、計算機科学の授業で〝反応拡散方程式〟（チューリングパターン）について習ったときだ。その方程式は、シマウマや熱帯魚の体の模様の生成パターンを説明してしまうというものだった。生物学とは縁もゆかりもなさそうな〝計算機科学〟の講義で、まさか生物学の話題を聞くとは、想像すらしていなかった。

ゆりこは、生物学を理解するには、科学全般の基本的な知識や考え方を理解することも大切なのだと考えるようになった。

「なるほど、いままで習ってきた教養科目も、科学を理解するためには必要なことだったのか」

そのことがわかると、他の教養科目の授業も次第に面白くなってきた。数か月前、サークルとバイトと宿題で追われていた自分からは想像もつかないくらいの、驚くべき変貌振りだった。生物学に夢中だった高校時代よりも、ずっと勉強に励むようになった。

こうして勉強に忙しくなりはじめたある日のこと、ゆりこは、有賀先生の遺伝子工学の講義を聴いていた。有賀先生は理学部の中でも気鋭の若手として有名な研究者で、関西育ちの気さくな人柄で学生からの信頼も厚かった。

講義が進むうちに、有賀先生は「合成生物学」についての話題に触れた。

「合成生物学だって！」

「何か聞いたことがある気がする。そう、あれは確か…『細胞医学』の！」

驚いたゆりこは、講義後、すぐ有賀先生のもとに駆け寄った。

「先生！　合成生物学って、この前『細胞医学』に載ってませんでした？　たしかｉＧＥＭとか…」

「おう、よう知ってんなぁ。僕もｉＧＥＭは名前を知っている程度やけど…合成生物学は、これからの10年最も発展が期待される分野の一つなんや。よう勉強しとき」

そして有賀先生は、合成生物学に関連するいくつかの書籍を紹介した。

ゆりこはそれらの本を読んでいくうち、合成生物学とは、既存の生命体を改変して新しい生命システムを組み立てることを通じて、生命を理解しようとする分野であることを知った。従来の「見る」生物学ではなく、「作る」生物学…こんな世界があるのかと、驚いた。

「生物学は本当に奥深い、まだまだ私の知らない分野が沢山あるんだ」

秋もすっかり深まった11月、その年のｉＧＥＭ本大会が終わり、インターネット上でｉＧＥＭの結果が公表された。日本のチームは残念ながらファイナリストには残らなかったものの、どのチームもメダルを受賞していた。ネット上に公開されている各チームの研究結果や本番の発表の様子を見ていくうちに、ゆりこはｉＧＥＭという世界的コンテストにますます心惹かれていった。

COLUMN

iGEM大会の評価方法とは

iGEMでは、ポスター発表、口頭発表、ウィキの作成という3種類の方法で研究成果の発表が英語で行われます。こうした発表は、大学教授や科学雑誌の編集者などから構成される審査員団によって評価されます。

ポスター発表では、研究結果をまとめたポスターを使って、大会の会場で審査員や他チームのメンバーに対して説明をします。ポスターはサイズに制限があるため、自分たちの研究成果をいかに見やすく、かつ魅力的にまとめるかが重要になります。口頭発表では、与えられた20分間という時間の中で審査員に自分たちの研究成果をプレゼンします。発表後に審査員との質疑応答があるため、ここで審査員からの質問にきちんと答えられることも高い評価を得るためには重要です。最後のウィキはiGEMの公式ページにチームごとに用意された専用のページで、各チームはここに自分たちのテーマの背景や実験結果などを公開することが義務づけられています。ポスターや口頭発表と違い、ウィキには分量の制限がないため、研究成果をより詳しく記述することが可能です。ただし、高評価を得るためには審査員が読みやすいウィキを作成する必要があります。

ポスター発表、口頭発表、ウィキでもっとも優れていると評価されたチームには、部門ごとにそれぞれベスト賞が与えられます。そして総合的にもっとも評価が高かつたチームには、大賞が与えられます。

さらに優勝や部門賞とは別に、プロジェクトの達成度に応じて金、銀、銅のメダルのうちひとつが贈られます。メダルの獲得のためには、「新しいバイオブリック（156ページのコラム参照）の提出」か「既存のバイオブリックの機能評価」が必要です。

銀メダルは、「新しいバイオブリックを自分たちで作製し、それが設計通り機能することを示すこと」、「最低1つの新しいバイオブリックの機能評価を行い、その結果をバイオブリックの公式ホームページにまとめること」が要求されます。

金メダルでは、「既存のバイオブリックを改良し、その情報をバイオブリック公式ホームページにまとめること」のほか、「他のチームのサポートをすること」や、「自分たちのプロジェクトに関連したことで安全性や倫理問題など、合成生物学と社会との関わりを調べる活動をすること」なども評価対象になります。

バイオブリックを増やすこともiGEMの目的であるので、バイオブリックを作製することが高評価につながる傾向にあります。

iGEMという大会に参加することは、卒業研究に入る前から研究を体験できるだけでなく、工学など理学以外の知識も要求されるという分野横断的なところが新鮮で、ゆりこは強く興味を惹かれていった。しかも本大会開催地はなんとあのMIT（※）である。世界中にいる同世代の優秀な学生、もしかしたら研究者となったときのライバルや、あるいは共同研究者となるような学生と出会えるかもしれないことも、また魅力だった。

「私もiGEM、参加できないかな…」

夏休みに立ち読みしていた頃の哀願とは違う、嘆願にも似た強い想いが、ゆりこの中で芽生えはじめていた。

（※）MIT（マサチューセッツ工科大学）は1865年に設立された全米屈指の名門大学で、ノーベル賞受賞者を77人（2010年時点）も輩出するなど、理工系最高峰の大学として憧れる若者も多い。日本人初のノーベル医学・生理学賞受賞者である利根川進博士もこの大学で教鞭をとっていた。

・iGEMチーム結成

翌朝、講義室に入ると前の席で一人の学生が本を読んでいた。その学生は藤田一宏。ゆりこと同じ学科のクラスメートだ。入学以来ほとんど話したことはないが、毎朝始業前の講義室で本を読んでいる姿と、講義中にときたま繰り出す鋭い質問が印象的な学生だった。ただ、お世辞にも今どきの大学生とは言いがたく、理系大学生の典型的ファッションを地で行くような風体で、友だちも少なそうに見えた。当然、女の子と話しているところは見たこともなく、いつも一人で本を読んでいた。

もしこれがクラスコンパであれば、ゆりこが自分から彼に近づくことなど、到底ありえなかったであろう。しかし、ゆりこはまったく自然な動作で彼に近づいていき、そして声をかけてしまった。それは、彼の手にしている本の背表紙に、〝合成生物学〟の文字を見つけたからだ。(藤田なら、iGEMのことを知っているかもしれない)

ゆりこは藤田の横に立つと、少し戸惑い気味に声をかけた。

「あの、ねぇ、藤田くん。iGEMのこと、知っている?」

一瞬、藤田は本を開いたまま硬直した。そして声のした方向には振り向かず、本を読み続けた。まさか、授業前に一人で本を読んでいるときに、まして女の子に声をかけられるだなんて、彼にとっては完全に〝想定外〟の出来事であったからだ。いや、勘違いだ。傍にいる、別の男に話しかけているに決まっている。藤田はそう、確信した。

「あ、あれ、もしかして〝藤、木くん〟だっけ?」

教室には二人しかいない。まさか完全に無視されるなんて、ゆりこにとっても〝想定外〟の出来事だった。あまりにも(というか、一度も)会話したことがないため、もしかして名前を間違ったかと思い、か細い声で〝藤〟の次の文字を小さい声で発音してみた。

「え、あ、いやぁ、藤田ですけど…」

二人とも、ばつの悪そうに顔を向き合わせた。

思い切って話しかけてみると、藤田もゆりこと同じくiGEMに興味をもっているようであった。二人で意気投合して話しているうちに、講義がはじまった。「もしかして、他にもiGEMに興味がある人がいたら、この大学でもチームを作れるのでは?」そんな思いでそわそわしているうちに一限の講義が終わった。

次の講義は有賀先生の遺伝子工学だった。講義室に向かう最中、ゆりこと藤田、そして一緒にいた岩村も加わり、3人でiGEMについて話していた。岩村洋子は、ゆりこにとっては学科のはじめての友人だ。学内でも成績上位で、講義後のディスカッションがきっかけで知り合った。ここでゆりこは一限前から沸々とした想いを二人にぶつけた。

「ねえ、この大学でチームを作ってみない?」

「…作りたい!!!」

藤田と岩村が同時に口を開いた。

「この大学でiGEMチームかあ。僕も参加したいとは思っていたけど、その発想はなかったよ」

「すごく面白そうね。でも、実験場所はどうするの? 興味のある人は集まるかもしれないけれど、指導してくれる人も必要だわ」

有賀先生ならなんとかしてくれるかもしれない……三人は講義室につくと、教壇で準備をしている先生に直談判することにした。

COLUMN

iGEMチーム作り

どうすればiGEMのチームをつくることができるのでしょうか。簡単に言えば、チームメンバー、実験設備や実験器具、資金、知識・技術の4つが必要です。

チーム構成は、学部生と大学院修士課程の学生が中心となります。ほかにも大学教員のインストラクター（部活の顧問のようなもの）が必要です。多くのチームは口コミ、ホームページ、チラシ、説明会などでメンバー集めをしています。

実験設備・器具などの確保も重要な課題となりますが、これはどんな先生がインストラクターになるかによるでしょう。多くの場合、インストラクターが研究設備を貸してくれるからです。

また資金がなければチームを運営していくことはできません。資金は大学などで募集されるサークル向けのコンペティションで獲得したり、企業からの支援に頼ったりすることになります。足りない分は自腹となります。

そして、そもそも知識や技術がなくては、よいプロジェクトを生み出し完遂することはできません。学部生だけでは限界があるので、勉強会をひらいたり指導したりしてくれる大学院生の先輩や、先生の協力が必要です。

「.iGEMでチームを作りたいから、研究室を借りることはできないか、やて？」

さすがの有賀先生も困った様子だった。

「ええか、物事には段取りがある。まずは何をしたいかを明確にする。それを人に提案して同意をもとめる。そしてちゃんと結果をだす。口で言うだけなら誰でもできるんやから。要は実際に何をするかが重要や」

なるほど確かにそうだ。納得した三人はさっそく自分たちだけで準備にかかった。藤田はまず、話し合いや情報集めのベースとなるウィキを作った。岩村は同じ学科の知り合いに声をかけ、2週間後には下級生も含め15人ほどのメンバーが集まった。

それからはチームで毎週ミーティングを重ね、チームの骨格である目的や理念、チーム構成を固めた。発起人であるゆりこはチームリーダーを務め、藤田はWeb関係を、岩村はプロジェクト関係を担当した。他にも広報や会計、書記などの仕事をメンバーで分担して進めていくことになった。

まずチームとして動いたのは、スポンサーの確保、実験テーマの決定、そして研究場所の確保だった。

スポンサーの確保には、広報チームが活躍してくれた。まず、いくつもの試薬メーカーやバイオベンチャーを訪問して、スポンサーになってもらえるように交渉を続けた。その結果、いくつかの企業から資金提供をしてもらえることになった。これでボストンまでの旅費はなんとかなりそうだ。さらに研究予算確保のため、チームメンバー皆で学内で署名を集めもした。ゆりこは署名を集めながら、とても気持ちが高揚している自分に気づいた。皆で試行錯誤してチームを一から作り上げているという実感が、ゆりこに充実感や連帯感を感じさせたのだろう。ゆりこは「このチームメンバーとなら、なんでもできる！」そんな確信にも近い気持ちを抱いた。

実験テーマを決めるにあたっては、まずiGEMについて皆で研究した。

「そもそもiGEMの目的は何なんでしょう？　僕たちはどんな生物ロボットを作るべきなんですかね？」

1年生メンバーの新木は率直な疑問をぶつけてきた。

「新木君、トム・ナイトは知ってる？　iGEMの審査員の1人で、バイオブリック（156ページのコラム参照）の提唱者だ。iGEMという大会には、大学の学部学生の教育という目的もあるけれど、バイオブリックの充実・改良という目的を持った大会でもあるんだ」

「そうね！　藤田君」

岩村が熱を込めて話し出した。

「どんな生物ロボットを作るか、それは何でもいいのよ！　過去のｉＧＥＭチームのプロジェクトをいくつか見てみたけれど、単純にアイデアが面白いなと思うものもあれば、医療や環境問題に貢献するようなプロジェクトもあったわ。なかにはあの有名な科学雑誌、〝ネイチャー〟に載った研究もあるの！」

ゆりこたちは過去のｉＧＥＭチームのテーマを皆で分担して調べ、それらを参考にブレインストーミングをし、いくつか実験テーマ候補を挙げた。テーマ候補からメンバーの議論・投票によりテーマを一つに絞った。

COLUMN

バイオブリック——合成生物学と部品の規格化

「バイオブリック」とは、ｉＧＥＭで人工遺伝子回路を作るときに使う遺伝子部品のことです。部品同士の組み合わせを簡便にするための「統一規格」が用いられています。同じ統一規格で作られた部品同士は、組み合わせや交換がしやすいという利点があります。

バイオブリックでは、一部の配列に共通のものを用いることで、統一規格が実現されています。バイオブリックの両端を仮に5′末端と3′末端と呼ぶと、5′末端にはプレフィックス配列と呼ばれる領域、3′末端にはサフィックス配列と呼ばれる領域があります（図6-1（上））。プレフィックス配列にはＥｃｏＲＩとＸｂａＩ、サフィックス配列にはＳｐｅＩとＰｓｔＩという制限酵素でそれぞれ切断できる配列が含まれています（2章参照）。

それではどのようにしてバイオブリック同士をくっつけるのかを説明しましょう。

まず2つの異なる遺伝子配列をもつバイオブリック1と2があったとします。バイオブリッ

図6-1　バイオブリック

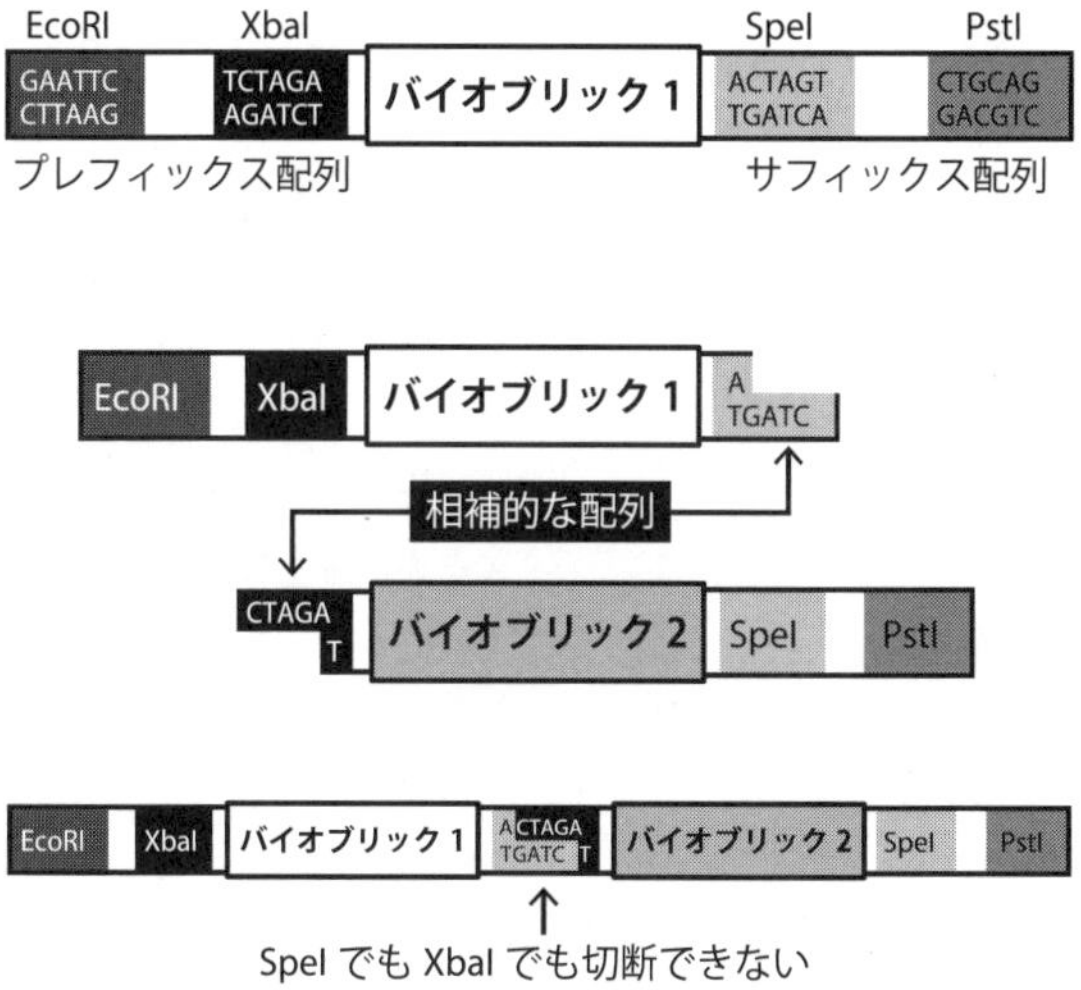

ク1のサフィックス配列をSpeI、バイオブリック2のプレフィックス配列をXbaIで切断すると、それぞれ断端が部分的に一本鎖になったDNA断片ができます(図6-1(中))。この一本鎖部分をよく見ると、お互いに相補的な配列であることがわかります。相補的な配列をもったDNA断片はリガーゼという酵素で連結できるため、バイオブリック1とバイオブリック2は図6-1(下)のように連結されます。こうして連結されたバイオブリック1とバイオブリック2の間にはSpeIでもXbaIでも切断できない配列が生じます。また、この連結後もバイオブリック1のプレフィックス配列とバイオブリック2のサフィックス配列は変化していないため、連結されたバイオブリック1と2はプレフィックス配列とサフィックス配列をもつ新しいバイオブリックになったといえます。

この要領で、いくつものバイオブリックを「レゴブロック」のように自在に組み合わせることができるのが、「統一規格」の利点です。

iGEMの目的の一つはこのバイオブリックのライブラリを充実させることです。iGEMに参加したチームは自分たちが作製したバイオブリックをiGEM本部へ提出することが義務づけられています。提出されたバイオブリックは翌年からすべての参加チームが使用可能になります。こうしてバイオブリックの統一規格をもつ遺伝子部品の種類が増えていくのです。

「プラスミドの構造が複雑だけど、本当に夏休み中に完成するかな？」

「このテーマは日本らしくて良いね」

実現性・ユニークさなど細かい基準を定めて、テーマが選ばれた。選出されたテーマは「チューリングパターン形成」だ。そう、ゆりこが計算機科学の授業で出会った生物学の話題だ。提案者のゆりこは、このチューリングパターンを2種類の大腸菌同士の相互作用で作ろうというのだ。大腸菌で目に見えるパターンを作るというだけでもワクワクするが、研究の目的はそれだけではない。お互いに相互作用する人工遺伝子回路を設計し、その実装を目指すことは、細胞集団の状態を時間的、空間的にコントロールするために必要な要素を理解したり、明らかにしたりすることにもつながる。

テーマが決まると論文の輪講会はもちろん、プロジェクトゼミも開き、学年の上下関係なく議論しあうことで、実験テーマをより良いものにしていった。同じ大学や専攻にいながらこれほど熱く議論したのは、大学に入って初めてのことだった。ミーティングの度にメンバーの視点や知識の多様性に圧倒され、それが互いの熱意にさらに磨きをかけていった。特に1年の新木・嶋辺は成長が目覚ましかった。

「松島先輩、このシグナル分子合成遺伝子はビブリオ菌由来のものですよね？　この論文ではその遺伝子を大腸菌に入れていますが、なんで上手く発現しているんでしょうか？」

「ええと、それは…」

「新木、この論文をよく読んでみて。その遺伝子の上流に大腸菌由来のプロモーターがついているだろう？　発現させる生物由来のプロモーターをつなぐと、他の生物由来の遺伝子でも発現しやすいんだよ。ちなみにこの遺伝子から合成されるシグナル分子、変わった役割をするんだ。他の論文でも使われていたけど、大腸菌どうしに相互作用、つまり通信をさせることができるんだ！　面白いと思わないか？」

「へー、そんな分子があるのか。知らなかったよ。嶋辺、ありがとう」

勉強会が始まって1か月もすると、このように新木は鋭い質問で先輩をたじろがせるようになったし、嶋辺は調べ物といって毎回たくさんの英語の論文を読んできた。こうして新木と嶋辺はチームの誰よりも知識豊富で、的確な判断のできるプロジェクトリーダーとなった。ゆりこは後輩たちが日に日に力をつけていくことが本当に頼もしく嬉しかった。

年が明けるとゆりこたちは再び有賀先生のもとを訪ね、研究計画や準備資金についてプレゼンを行い、研究場所提供の協力を求めた。これまでのゆりこたちの活動と今後の計画について説明している間、有賀先生は静かに話をきいていた。

「私たちの最終目標は日本初のファイナリストになることなんです」

その一言をきいたとたん、先生は口を開いた。

「物事に〝一生懸命に〟取り組むことと、〝真剣に〟取り組むことは違う。君たちが〝真剣に〟学ぶことを、僕は心から応援したい。研究場所が必要なら、ぜひ君らに協力させてもらうよ」

「本当ですか!?」

三人は互いに目をあわせて笑った。

COLUMN

研究室とは

① 実験台：1人1台実験机が与えられて、そこで実験をします。
② 安全キャビネット：分子生物学の実験には大腸菌を頻繁に用います。遺伝子を組換えた大腸菌が外部に漏れないように、菌を扱う実験はすべて安全キャビネットの中で行います。キャビネット内の空気は、フィルターで清浄化してから排出されます。
③ 恒温器：内部の温度を一定に保ったケースです。37度に設定されていることが多く、この中で酵素処理をしたり、大腸菌をプレート培地で培養したりします。
④ 恒温振盪《しんとう》培養機：恒温機の中にフラスコなどを振盪する装置が入っています。主に液体培地の中で大腸菌を培養するために使います。
⑤ マイナス80度冷凍庫：DNA、RNA試料や酵素を保存しておくための冷凍庫です。
⑥ オートクレーブ：内部を高圧高熱にすることができる装置です。分子生物学の実

験では滅菌処理に用いられます。高圧で沸点が上昇することによって、水分の含まれるものでも100度以上の高熱で処理することができます。

⑦遠心機：試料をセットしたローターを高速で回転させて強い遠心力をかけることで、その試料の成分を分離する機械です。分子生物学の実験では、DNAの単離や細胞組織の分画など様々な作業で用いられます。

⑧PCRマシン：DNAを増幅するポリメラーゼ連鎖反応（PCR）によって、目的のDNAを増幅するための装置です。プログラム通りにサンプルの温度を変化させて、PCRを進めます。

⑨DNAシーケンサー：DNAの塩基配列を読み取るための装置です。

⑩次世代シーケンサー：従来のDNAシ

図6-2　研究室とは

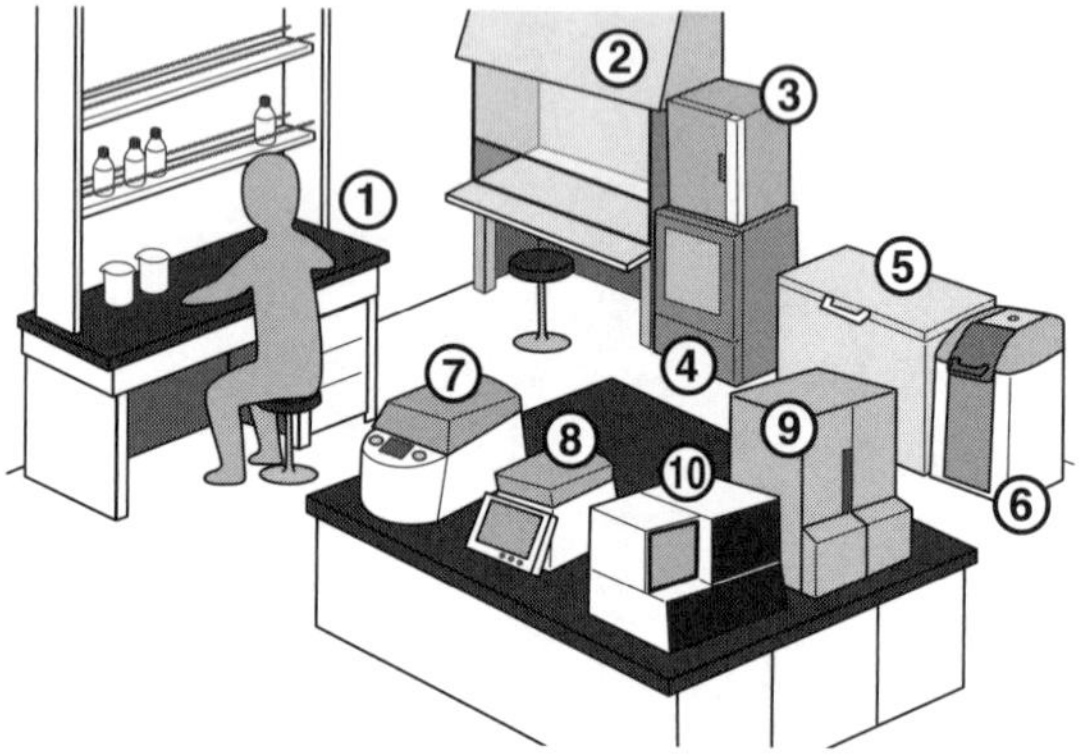

ーケンサーとは異なる手法で大規模な配列データを取得できる装置です。

念願の研究場所がようやく確保できたと時を同じくして、幸運にも大学からｉＧＥＭの研究活動への支援が出ることも決まった。実験をする場所と資金を獲得したゆりこたちは、夏休みの実験開始に向けて試薬や器具の準備をしたり、実験計画をさらに練り上げたりしていった。いろいろなことが順調に進み、ゆりこは楽しく充実した日々を過ごしていた。

実験開始

春になった。ゆりこは3年生になり、大学の講義には専門的な科目が増えていった。新学期が始まってしばらくたつと、夏休みからの実験に向けて再びチーム活動が活発になってきた。メンバーは皆、初めての本格的な実験を楽しみにしていた。ミーティングも終電近くまで続き、みんなで最終列車に駆け込むこともあった。普通の大学生には考えられないようなハードスケジュールだったが、閉まる扉に飛び乗ればおたがい顔を見合わせて笑った。

8月の学期末試験も終わり、待ちに待った夏休み。ゆりこたちは、さっそく本格的な実験を開始した。実験の際は有賀先生の研究室の大学院生である川村先輩が面倒を見てくれた。

まずはLB培地（細菌用の富栄養培地のひとつ）作りからだ。実験に用いる大腸菌を増やすためにLB培地を調整し、オートクレーブにかける。次に、増やす大腸菌と大腸菌の中に入れるDNAの準備だ。大腸菌に入れたいDNAの断片（遺伝子）をPCRによって増やし、プラスミドとつなげる。そして電気刺激（エレクトロポレーション）によって大腸菌の細胞膜に穴をあけプラスミドを大腸菌に入れ、その大腸菌を一晩培養する。翌日は培養した大腸菌が目的の遺伝子を持っているかどうかをチェックするためにPCRや制限酵素処理を行う。基本的にはこれらの作業の繰り返しだ。

「川村さん、培地の調整ができました」

「じゃあ次はオートクレーブにかけようか。この機械は高温高圧の状態を作る大変危険なものだから、取扱うときはこの前話した注意を必ず守ってね」

「はい！」

実験初日から毎日、実験ノートをつけた。実験ノートには日付や実験者の名前、行った実験の詳細を記入した。

「昨日は新木と嶋辺が実験の担当だったみたい。なるほど、こんなことをやったんだ。あれ？　なんか実験ノートがべたべたしているな」

「試薬をこぼしたんじゃない？　ページの色が少し変わってる」

「本当だ！　困ったなあ（笑）」

図 6-3　実験ノート

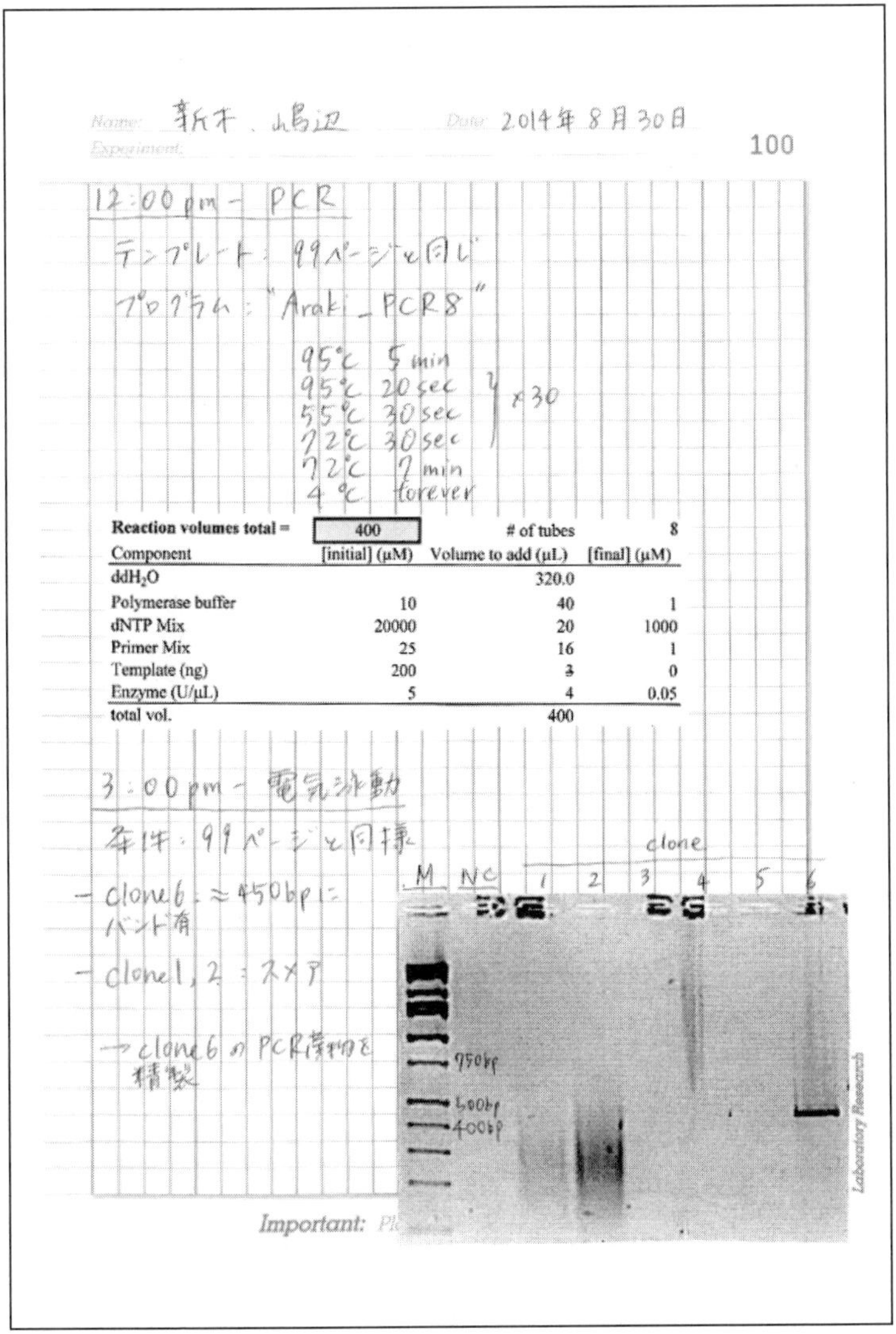

Name: 新木、嶋辺　Date: 2014年8月30日
Experiment:
100

12:00pm– PCR
テンプレート：99ページと同じ
プログラム：“Araki_PCR8”
95℃ 5min
95℃ 20sec
55℃ 30sec } ×30
72℃ 30sec
72℃ 7min
4℃ forever

Reaction volumes total =	400	# of tubes	8
Component	[initial] (μM)	Volume to add (μL)	[final] (μM)
ddH_2O		320.0	
Polymerase buffer	10	40	1
dNTP Mix	20000	20	1000
Primer Mix	25	16	1
Template (ng)	200	3	0
Enzyme (U/μL)	5	4	0.05
total vol.		400	

3:00pm– 電気泳動
条件：99ページと同様
– clone6：≈450bpにバンド有
– clone1, 2：スメア
→clone6のPCR産物を精製

Important: Pl

「明日の朝はPCR産物を精製するところからだね」

「そうだね。他に何かしておくことはないかな……あ、もうこんな時間だ！　急がないと終電に間に合わないよ！」

研究室に朝一番に来て、一日中実験して終電で帰るハードな毎日。実験を始めた当初は作業のすべてが新鮮で、メンバーたちもそれを楽しんでいた。実験結果を議論したり、試行錯誤しながら実験を進めたりすることで、これまで行ってきた〝答えのわかっている学生実験〟とは違い、〝未知の〟ことを調べる、まさに「研究している」という実感が湧いてきて、それが彼らの好奇心をさらに駆り立てていった。

「今まで、他のどのiGEMチームも作ったことのない遺伝子部品を作るのか！　世界で1つだけだなんて、なんかわくわくするな」

「そうね、実験がすべて上手くいけば論文にもなるかもしれないわ」

ところが、しばらく順調に進んでいた実験も、始まって1か月も経つとさすがに疲れが見えてきた。自宅から研究室への往復生活。早朝から深夜に及ぶハードな実験スケジュール。計画通りにいかない実験結果が、徐々にチームの雰囲気を害していた。

「この培地ちゃんと滅菌されてないよ！　これじゃあ今日やろうと思っていた実験ができないじゃないか…」

「電気泳動で見えたバンドのサイズがおかしい？　君、コントロールはとってみた？　とってないのか……しかもチェックしたサンプルも1つだけ？　それでは本当に信頼できる結果かどうかわからないよ。まったく実験の基本がなってないな！」

「そんなこと言ってるけど、君だって昨日研究室のビーカーを割ったじゃないか！　あーイライラする。もう君とは実験なんてしたくない！　オレは帰るよ」

不出来なデータを睨んでは、メンバーはお互いの小さなミスを責め、時にはケンカになることもあった。ゆりこ自身も、ボストンの本大会までの残された時間との闘いとプレッシャーのなかで、少なからぬ焦りを感じていた。

そんなある日、岩村はチームをBBQに誘った。「こんな忙しい時期に！」とゆりこは乗り気ではなかったが、まあまあいいからと促され、その中に加わった。

研究室を離れ9月の青空の下で囲む食事は、実験の悩みを忘れさせるには充分だった。

「いきなり〝研究室を貸してくれ〟にはたまげたなあ」

有賀先生も缶ビール片手に、当時のことを冗談混じりに話していた。

「そもそも松島、2年の春の僕の授業の初回から寝てたのは、お前だけやったで。まさかそのお前が、MITに向けて猛勉強し始めるとはなあ」

当時のゆりこの豹変ぶりが学科内で話題になっていたことを、ゆりこはそのとき初めて知った。

「確かに先輩、気がつくとどこででも寝てますよね。この前なんか実験作業しながら寝てたし。授業で寝ないはずがない！（笑）」

「こら！　新木！」

後輩たちからも笑いの種になっているうち、ゆりこはこのチームができた時のこと、スポンサーがついた時のことなどを思い出した。２か月後のＭＩＴでの様子を想像したり、他愛もない話をしたりしているうちに、チームに笑顔がもどってきた。ゆりこはそんな彼らをみながら、ふたたび気力を取り戻すことができた。

「そうだ、ボストンで着るおそろいのユニフォームを作ろうよ。誰かデザインしてくれない？　カッコイイのがいいな」

「はーい、任せて!!」

早速メンバーたちが芝生の上でデザイン案を練り始めた。

「あともう少し、頑張ってみようかな」

「そうだね。やれるだけやってみようよ」

気づけばとなりには岩村が座っていた。ゆりこはこの時初めて、岩村がメンバーをＢＢＱに誘ったわけがわかった。岩村はどうにかしてチームの雰囲気を良くしようとしてくれたのだ。そんな岩村のやさしさに触れ、ゆりこは目頭が熱くなった。

「ありがとう、やってみよう」

再び結束を固めたチームは、次第にいい結果を出していった。さらに、ケンカのもとになった電気泳動の結果が実は単なるミスではなく、バイオブリックのパーツの一部が完成したという良い知らせを示していたことも判明した。

「やった！　パーツが全部完成したぞ！」

「本当に？　あとはシグナル分子の発現と、大腸菌でチューリングパターンができるかどうか確認の実験をするだけね」

10月に入り二学期が再開しても、彼らはボストンへ発つ直前まで実験を続けた。泊り込みで実験をすることも多くなり、そんな日は大学近くに一人暮らしをしている嶋辺の部屋が大活躍だった。ほぼ毎日誰かしらが嶋辺の部屋を「予約」し、各々寝袋などを持ち込んでそこに寝泊りした。翌朝の講義にそのまま出席するメンバーもおり、なかには1週間家に帰らない強者《つわもの》も現れた。皆自宅に帰るのは着替えを取りに帰るためくらいで、家族とほとんど顔を合わせなくなっていたし、食事もカップラーメンやファストフードばかりの生活だったが、メンバーと一緒に実験をしたり、銭湯に行ったりして、充実していた。

本番が近くなると、チームは実験だけでなく、それらの結果を英語でウィキやポスター、プレゼンにまとめ始めた。発表者は立候補で募り、岩村、藤田、ゆりこの3人となった。偶然にも初期メンバーの3人だ。藤田は英語が苦手だが、どうしても世界の舞台でチャレンジしてみたいのだという。

ウィキは本番の約1週間前に締め切られる。ギリギリまで実験を行っていたメンバーはウィキの締め切り当日もPCを持ち寄り、泊まり込みで編集を行った。ポスターやプレゼンは、メンバーで何度も話し合いを重ねて練り上げていった。しかしながらチーム全員が英語を実践で使った経験がなく、英語の文章を作ってはみたものの、その英語が正しく伝わっているのか、そしてそれをどのように発表・発音したら現地の人に通じるのかよくわからず、プレゼンの練習は思いのほか進まなかった。

ゆりこたちが悩んでいると、院生の川村がプレゼンをチェックしてくれると言ってくれた。川村は何度か海外の学会に参加したことがあり、英語でのプレゼンに慣れているのだった。発表を見てもらった後、川村からは思った以上にたくさんのコメントがあった。チェックしてもらったプレゼンの原稿にはほとんどすべてに赤が入っていたし、発表の構成や発表者の振る舞い、発音にも細かい注意があった。

「これが、大学院生の実力!」

ゆりこたちは愕然としたが、まだ1週間ある!と自分たちを奮い立たせ、追い込みに奮闘した。寝ても覚めてもiGEM。そんなiGEM一色の1か月であった。

COLUMN

「ウィキ」とは

iGEMでは、研究者が学会で行うようなポスター発表や口頭発表だけでなく、「ウィキ（Wiki）」と呼ばれるウェブページに、自分たちのテーマの背景、実験とその結果や考察内容を公開することが、義務づけられています。iGEM公式ページ内に設けられた各チームのウィキには、研究の背景や実験手法、結果や考察などがまとめられます。ウィキは、チームメンバーであればネットワーク上のどこからでも執筆、編集を行うことができるため、iGEMのような共同作業に適しています。また分量に制限がないため、ポスターや口頭発表では説明しきれない細かい内容もウィキで公開することができ、ウィキの完成度も評価の対象になります。

優れたウィキはそのチームの評価を高めるだけでなく、翌年以降の参加者にとっても有益な情報源となります。iGEMの公式ページには過去の大会のウィキページも残っているため、新たに参加したチームも過去のチームがどんなテーマを選び、どの程度結果を出せたのか、という情報を得ることができます。このようにウィキはiGEM参加者にとって非常に有益な情報源となるのです。

最終的に、大腸菌にチューリングパターンを形成させるには至らなかった。

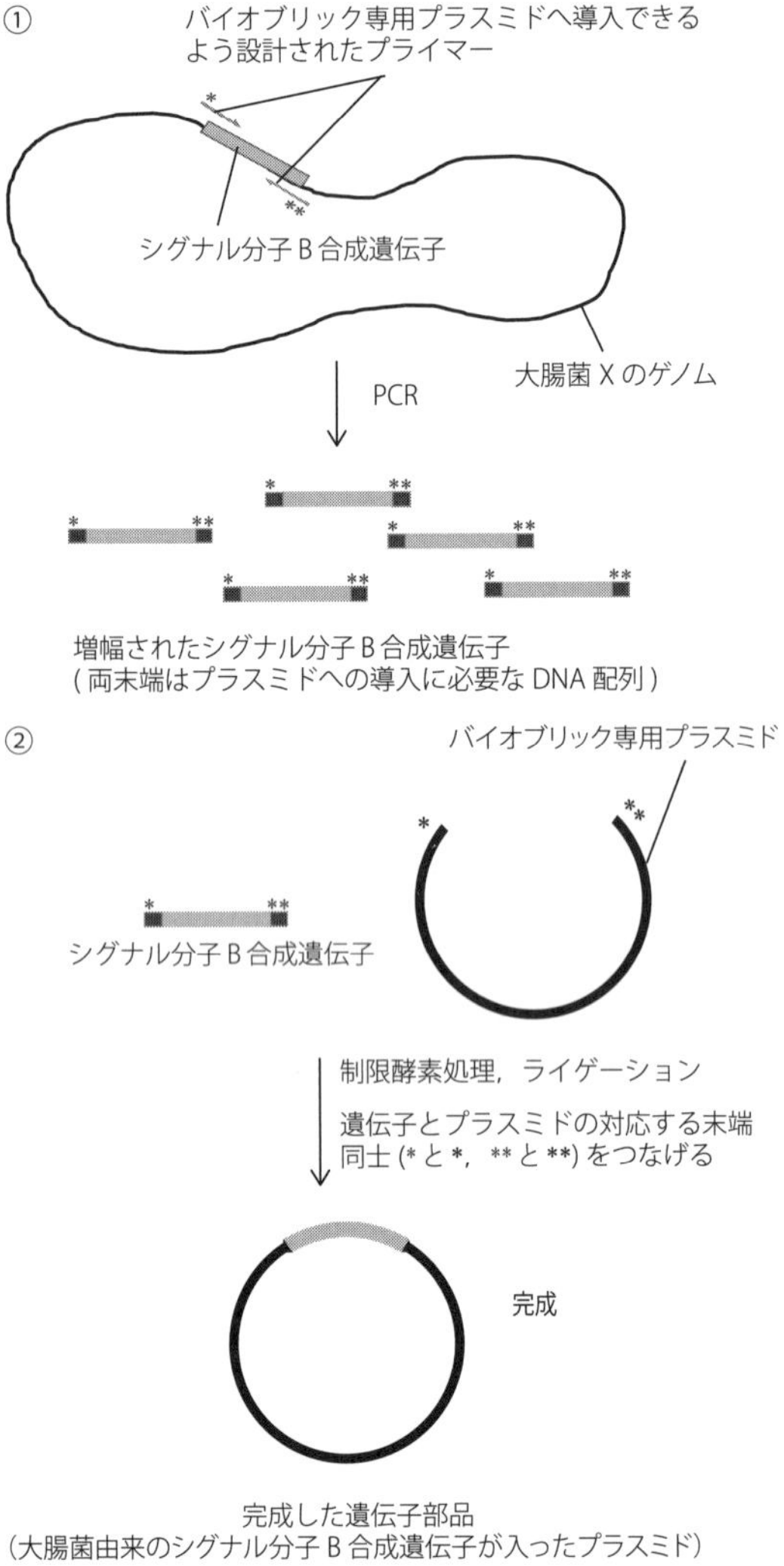
①
バイオブリック専用プラスミドへ導入できるよう設計されたプライマー
*
**
シグナル分子 B 合成遺伝子
大腸菌 X のゲノム
PCR
増幅されたシグナル分子 B 合成遺伝子
(両末端はプラスミドへの導入に必要な DNA 配列)
②
バイオブリック専用プラスミド
シグナル分子 B 合成遺伝子
制限酵素処理，ライゲーション
遺伝子とプラスミドの対応する末端同士 (* と *，** と **) をつなげる
完成
完成した遺伝子部品
(大腸菌由来のシグナル分子 B 合成遺伝子が入ったプラスミド)

図 6-4　チューリングパターンの実験（174-5ページ参照）
①ゆりこたちのチームは，遺伝子部品の作製のため，まずプライマーを用いてシグナル分子 B 合成遺伝子を増幅，クローニングした．②増幅させた遺伝子は制限酵素処理とライゲーションによってバイオブリック専用プラスミドとつなげられ，シグナル分子 B 合成遺伝子の入ったプラスミドが完成した．③さらに，別のシグナル分子合成遺伝子，蛍光タンパク質合成遺伝子を持つ2種類の大腸菌 A, B の作製を計画．シグナル分子 A・B に互いの遺伝子の発現をコントロールさせることで，大腸菌が合成する2色の蛍光たんぱく質の相対的な量を変化させ（④），2色の水玉模様や縞模様といったチューリングパターンを形成させることを目指した．

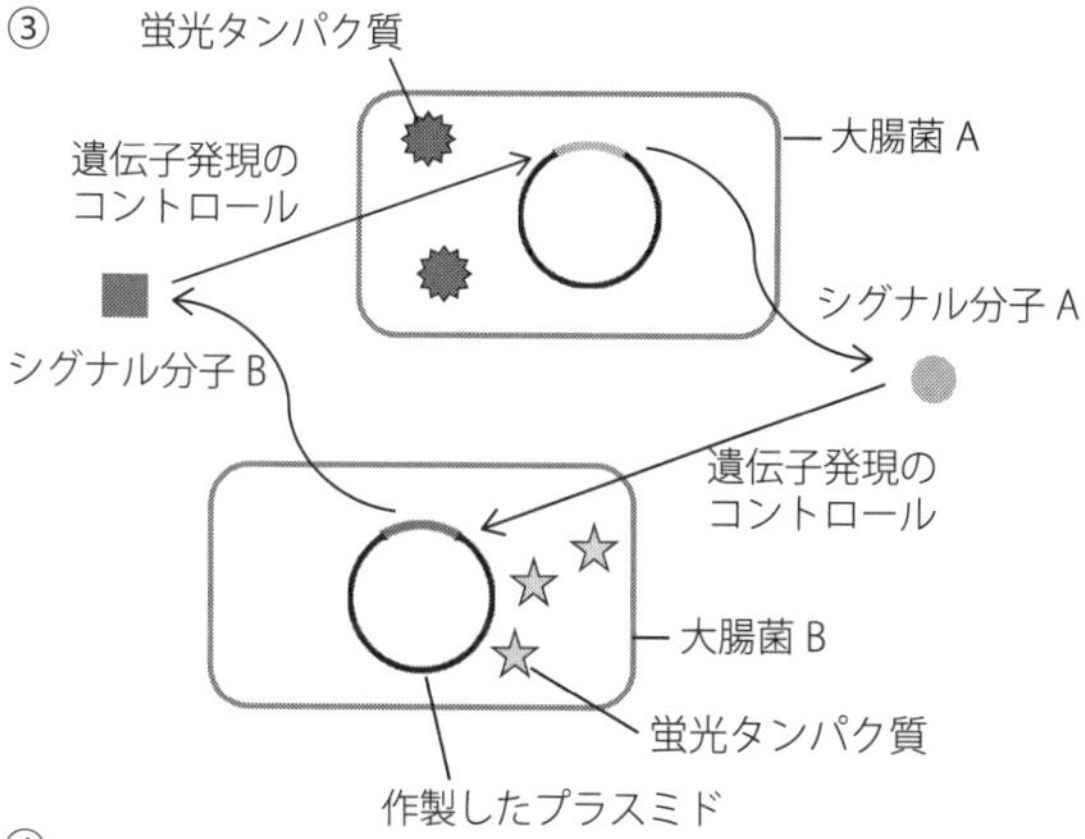

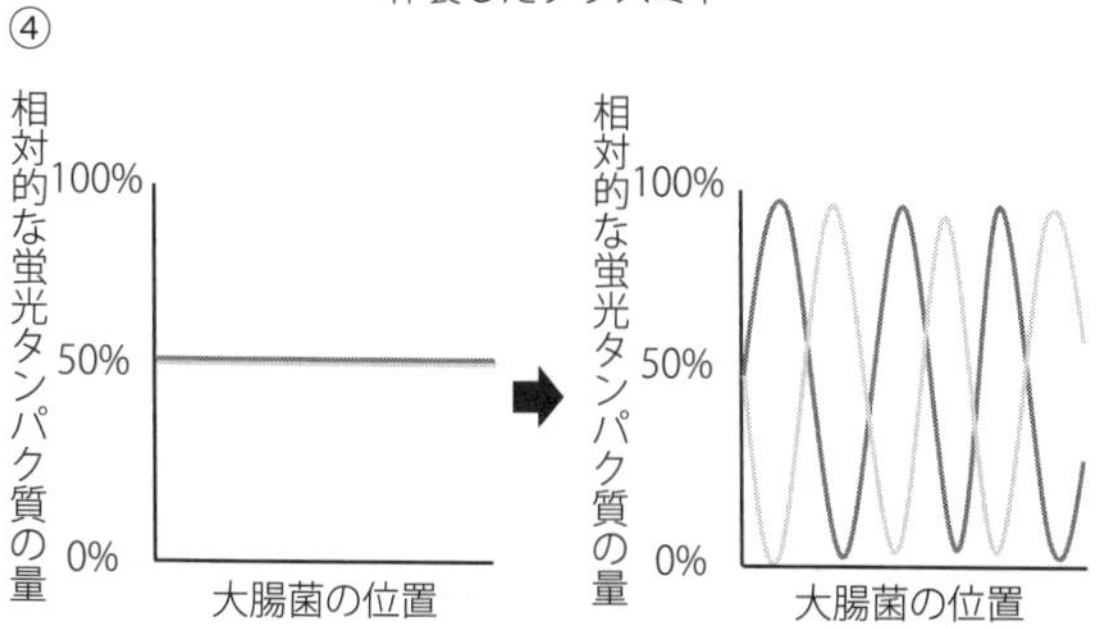

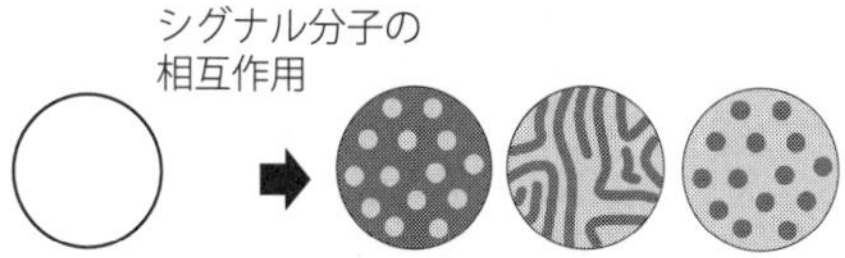
予想された蛍光タンパク質による模様の例

しかし、ゆりこたちのチームはチューリングパターンの実現のために必要な遺伝子部品を、新たに作ることに成功した。大腸菌の相互作用によってチューリングパターンを形成させるには、細胞同士が通信するための二種類のシグナル分子が必要になる。その一つはｉＧＥＭでこれまでにも使われてきたビブリオ菌由来のシグナル分子（シグナル分子Ａ）があった。

しかし、これ以外のシグナル分子はどのチームも使ったことがなかったので、自分たちで探してこなければいけなかった。ゆりこたちは古い論文を調べた結果、ある種の大腸菌Ｘがもっているシグナル分子（シグナル分子Ｂ）が使えるのではないか、ということがわかった。ゆりこたちは、これをもう一つのシグナル分子にしようと決めた。通常の大腸菌が合成しないシグナル分子を大腸菌に合成させるには、シグナル分子の合成遺伝子を含む遺伝子部品（プラスミド）を作る必要がある。そのために、まずは大腸菌Ｘのゲノムから目的のシグナル分子Ｂ合成遺伝子を、ＰＣＲによってクローニングした。（１７２ページの図６－４①）こうして取り出した遺伝子をｉＧＥＭが指定するバイオブリック専用プラスミドに導入することで、遺伝子部品をつくることができた。（１７２ページの図６－４②）

この遺伝子部品を他の遺伝子部品と組み合わせて（１５６ページのコラム参照）、大腸菌に導入するためのプラスミドを構築した。形質転換によって、シグナル分子Ａ、Ｂそれぞれの合成遺伝子を含むプラスミドを持つ大腸菌Ａ、Ｂを作り、さらにゆりこたちはこれら２種類の大腸菌を寒天培地にまき、その相互作用によって２色の蛍光タンパク質を使ったチュー

リングパターンを形成することを目指した。（173ページの図6-4③④）

「大腸菌の相互作用を用いたチューリングパターン形成なんていうテーマ、誰もやったことがない。ましてや、まだどのチームも作製したことがない大腸菌Xのシグナル分子B合成遺伝子を含む遺伝子部品を作ったことは、きっと評価の対象になるはずだ」

ゆりこたちは自信をもっていた。

夢のMITへ

アメリカへ発つ日も徹夜だった。発表用のポスターやプレゼン資料をトランクに詰め込み、大急ぎで空港へ向かう電車に飛び乗った。

揺られる列車の中、制服姿の高校生が参考書を広げている。ゆりこはその姿に、ひたすら生物学に憧れていた数年前の自分の姿が重なってみえた。そして手元に目を落とせば、ボストン行きのエアー・チケット。もうこんなところまで走ってきたのか…人目もくれず参考書を読む少女に、「行って来るよ」と声にならない言葉をかけ、ゆりこは成田に向かった。

COLUMN

iGEM大会スケジュール

大会前日には、各チームにプレゼンテーションの練習時間が与えられます。ここで、本番のためのスライドの調節やスピーチの最終確認を行い、練習が終われば夕食を摂りながらの交流時間となります。

翌日は朝の開会式から始まり、その後に続く発表で審査員や観衆を前にして研究成果の発表や質疑応答を行います。これを受けて、審査員たちは、ファイナリストとして決勝に進むチームを決定します。

最終日に、全体を前にしてファイナリストのチームは優勝を争います。審査を経て、部門賞および上位チームの表彰が行われ、大会は幕を閉じます。

10数時間のフライトを経て、ゆりこたちは憧れの地ボストンに降り立った。11月のボストンの空は高く、美しかった。ヨーロッパ調の建造物と近代的なビルディングとが軒を連ねる、過去と未来とが調和した街並み。トールサイズのコーヒーを片手に、颯爽と歩く学生たち。世界中の頭脳が集まるこの街の雰囲気に、チームの誰もが興奮を抑えきれずに目を輝かせた。

大会期間中、MIT周辺はiGEMで一色になる。大学の施設の至る所にポスターやステッカーが貼られ、大学にほど近いホテルにはすでに他国のチームがいくつも集まっていた。彼らはオリジナルのユニフォームを着て、これから始まる4日間の闘いに向け、ムードを盛り上げていた。彼らに触発されたゆりこたちは、荷物を置くとすぐにおそろいの黒いユニフォームに着替えて、発表練習をすべく会場に向かった。

会場内はピザの箱の山だった。開会式前日だが、発表練習に来るチームのために夕食が用意されていたのだ。ピザ一切れの大きさにも驚いたが、とりわけ驚いたのはデザートとして出てきたインクをぶっかけたような鮮やかな赤や黄色の物体。それは、とてつもなく甘いカップケーキであった。何ケースも積まれたアメリカンサイズの飲み物の量にも圧倒された。

ふと周りを見渡すと、皆食事の時間を惜しみピザをかじりながら議論をしている。イスが足りず地べたに座りながらミーティングをするチームや、立ちながら壁にある黒板を使って議論している人たちもいた。今まででこんな光景を見たのは初めてだった。身の引き締まる思いがして、ピザとカップケーキもそこそこにして、練習会場の部屋に入って発表練習に取り掛かった。

研究発表の方式は、壇上でのプレゼンテーションと、会場でのポスターセッションの二通りがある。プレゼンテーションでは、スライドを用いて自分たちの研究成果を発表する。発表時間は20分。もちろん、すべて英語だ。ポスターセッションでは、ブースを見に来た人たちに、自分たちの研究成果についてポスターを使いながら説明する。もちろんそれも英語である。チームメンバーは言葉の壁を乗り越えるべく、ある者は原稿とにらめっこしたり、ある者は壁に向かって身振り手振り説明したり、またある者は寝ながら原稿を朗読したりと、そんな調子が発表当日まで続いていた。

iGEM開幕

ボストン2日目。iGEMジャンボリー（大会の愛称）のオープニングセレモニーが行われた。会場となったクレスギー講堂で、参加者全員がはじめて一同に集まった。軽く1000人はいるだろうか…。見渡せば、色とりどりのチームユニフォームを着た世界中の大学生で会場は埋め尽くされていた。英語、スペイン語、中国語、日本語、…。さまざまな言語が飛び交っている。ここにいる一人ひとりが、期待と不安を胸に、一つの目的のため全世界から集結したのだ。これからはじまる3日間の闘いに興奮冷めやまぬ中、壇上に白いパーカーを着た体格のよい男が現れた。ランディ・レットバーグ。この大会のディレクターであり、合成生物学の第一人者だ。胸には大きくiGEMのロゴマークがプリントされている。会場は大きな拍手で彼を迎えた。大会開催にあたっての挨拶と諸連絡を述べると、ランディは最後にこう告げた。

「世界中からここに集まった若き合成生物学者たちを、私は誇りに思います。これから3

日間、このiGEMを大いに盛り上げていきましょう」

わき上がる大喝采。学生たちはお互いの健闘を祈りながら、こうして大会の幕が切って落とされた。

各チームのプレゼンテーションは2日間にかけて行われた。環境・医学・食糧・情報などの研究テーマにそって5つの会場に分かれ、5か所同時に発表が行われる。ハーバード大学やケンブリッジ大学といった有名大学からのチーム、過去に優秀な研究結果を残したチームの発表となると、会場には立ち見がでるほど大勢の聴衆が集まる。夕方にはポスターセッションが行われる。こうして大会中、MITはiGEMに参加している世界中の大学生によってあふれかえる。

会場には複数の審査員がおり、発表の内容を細かくチェックする。発表後の質疑応答では、審査員に限らず会場からも積極的に質問が飛んでくる。教授の講義を学生が聴くという日本の大学でのスタイルは、ここMITでは通用しない。しかもそれらはすべて英語。これがゆりこたちにとって最大のネックであった。なかでも藤田は、英語がめっぽう苦手だった。夜中に部屋で一人苦悶している彼を見たチームの誰もが、彼が失敗しないことを祈っていた。

さぁ、発表だ

ボストン3日目。発表当日の朝。ラウンジで軽めの朝食をとり、ゆりこたちはすぐに会場へ向かった。チームを結成した日から、様々な人たちからの応援のもと、度重なる困難を乗り越え、いま私たちはここにいる…。静かな興奮を感じながら、ゆりこはゆっくりと壇上に上がっていった。

ゆりこたちは、シグナル分子合成遺伝子の作製の成果を最大限アピールできるように、プレゼン資料を作りこみ、ボストンに来てからの3日間は観光をする暇もなく、発表の練習を幾度となく繰り返していた。

まずは、ゆりこがプロジェクトの全体像の説明をした。緊張のせいで少し早口になってしまったが、真正面にいた審査員はうなずきながら聞いてくれたので、おそらく通じたのだろう。そんな実感をゆりこは味わった。

自分の発表が終わってほっとしていると、藤田による実験結果の説明が始まった。藤田はゆりこ以上に緊張しており、額には大粒の汗がにじみ出ていた。毎日部屋にこもって発表練習を繰り返したからか、頭が真っ白になりながらも練習通りに英語が口から出ていった。ぎこちなく身振りと手振りを交えながらの発表は、英語は下手だったかもしれないが、その熱意はしっかりと審査員に伝わったようだ。そして藤田は自分の発表が終盤になるころ、奇妙な感覚を持った。

「なんだ。英語って、意外に怖くない…」

そうやって胸を張ってプレゼンを終えた藤田に、チームメンバーは心の中で大きな拍手を送っていた。そして最後に、岩村がプロジェクトのまとめの説明を始めた。ここで今回の最大の成果であるシグナル分子合成遺伝子の重要性を審査員にアピールできなければ、高い評価を得ることは難しい。チームメンバー全員の視線が岩村に注がれた。チームで一番英語の得意な岩村は緊張した様子もなく、原稿どおりの発表をスムーズにこなした。発表後に、審査員から実験条件に関する質問がでた。

「過去のチームと同じ条件で実験をしなかったのはなぜかな?」

質問内容は想定外のものだった。メンバー皆が顔を見合わせ固まった。数秒間の沈黙——。

「ええと…」

ゆりこが助け舟を出そうとしたとき、藤田がいつもと違うハイテンションな声で話し始めた。

「サンキュー。とても良い質問をありがとうございます。それについて私は考えたことがありませんでした。でも私たちのきれるチームメンバー、ヨウコが質問に答えます。ヘイ! ヨウコ!」

藤田は時間稼ぎをし、英語の得意な岩村に考える時間を与えてくれたのだ。

「私たちのパーツは今までに発表されているものとはまったく違う新しいパーツなので、

自分たちで最適と考えた条件を選びました」

審査員は納得したようにうなずいた。どうやらうまく乗り切ることができたようだ。皆胸をなでおろした。

プレゼンテーションが終了し壇上を降りると、メンバーは歓声をあげ、お互いに肩をたたいたりハイタッチをしたりして全員の健闘を称えた。どこからか「藤田、ナイスフォロー」という声も聞こえた。かつてゆりこが感じた「このチームメンバーとなら、なんでもできる」という思いが、チーム全員で共有された瞬間だった。

残念ながら、ゆりこたちはファイナリストには選ばれなかった。

すべてのチームのプレゼンテーションが終わった日の夜、ボストン郊外のクラブハウスでiGEM参加者全員によるパーティーが開かれた。ミラーボールの下、アイビーリーグの御曹司も、えり抜きの中国人も、世界の優秀な学生が集い束の間の饗宴に酔いしれていた。ゆりこたちもチームで乾杯し、しばらくその不思議な雰囲気を味わった。食事が済むと新木や嶋辺たちはダンスホールに消え、テーブルには藤田と岩村、そしてゆりこが残った。

「あのとき松島が話しかけてくれなかったら、僕はこんなところに来ることはなかっただろうな」

酒の飲めない藤田がぼやくと、岩村がくすりと笑った。

「そうだよね、藤田くんに一番似合わない場所だよね」

「ゆりちゃんそれは言い過ぎでしょ（笑）」

岩村はゆりこをたしなめると、ふと遠い目をして言った。

「でも、私もそうかも。こうして世界中の学生たちと競い合う舞台に、自分が立てるとは思わなかった」

視線の先にあるミラーボールは、国も言葉も違う若者らを照らしている。ゆりこも二人の話を聞きながら、その不思議な光景を眺めていた。

「…私だってそう。あのとき洋子や藤田くんに話しかけていなかったら、私一人ではここまでたどり着けなかった。藤田くんのアドバイスや、洋子のサポートがなければ、きっとチームみんなでここまでたどり着くことはなかった。私がここにいるのも二人のおかげ。本当にありがとう」

そんな話をしていると、ビールを持ったドイツ人の男性が話しかけてきた。

「君たち、日本のチームの人たちだよね。僕はマイク。ドイツからきたんだ。こんなところでかたまってちゃダメだよ、他のチームとの交流もｉＧＥＭの醍醐味なんだから。さあ、行こう」

マイクにつれられて、三人はダンスホールに向かっていった。

「マイク、君のところはどんな研究をしたの？」

「僕のチームは環境中の重金属に応じて7色の物質を作る大腸菌を作ったんだ。君のチームの発表を見たけど面白かったよ。カズヒロ、最後の質問での君のフォロー最高だったね。君とは良い友だちになれそうだよ」

「見られていたのか、なんだか恥ずかしいなあ。ありがとう」

iGEM閉幕

大会の最終日であるボストン4日目。そして審査結果発表の日。結果は銅メダル、銀メダル、金メダルの順にスクリーンにチーム名が表示されることになっている。銅メダル――ゆりこたちのチーム名は載っていない。銀メダル――またもチーム名は載っていない。

「もしかして金メダル？　いや、もしかしたらメダルを受賞できなかったのかも……ああどうしよう、結果を見たくない…」

金メダル――ゆりこは目をつむった。ゆりこの周りから歓声が沸きあがった。ゆりこは薄く目を開けた。金メダル――Ｓｈｕｔｏｄａｉ―Ｔｏｋｙｏ――ゆりこたちのチームである。

「ああ！　やった、金メダル！」

ゆりこたちは声を上げて抱き合った。ゆりこたちのチームは、ファイナリストこそ逃したものの、見事金賞を受賞することができたのだ。初出場のチームにしては大きな快挙だ。

ファイナリストとして壇上にあがったチームの中に、昨夜パーティーで知り合ったドイツ人のマイクがいた。昨夜はさんざん酔っぱらったただのノリの良い外国人だと思っていたのに、今日は打って変わって才気あふれる若き生命科学者だった。その豹変ぶりをゆりこと岩村は笑っていたが、なるほど彼らの研究は完成度が高く、世界トップクラスにふさわしいハイレベルなプレゼンテーションであった。

その年優勝に輝いたのは、環境中の重金属を探知し、それに応じて7色の物質を生産する大腸菌の開発に取り組んだチームであった。あの、マイクのチームだ。特に欧米のチームは、日本のチームとは比べものにならないほどの人材と資金力があり、ここでも世界の研究レベルとの差を感じることとなった。純粋な好奇心からはじめたプロジェクトだったが、そのゴールでは世界で競い合う優秀な科学者たちの姿を垣間みることになった。

授賞式のあと、クレスギー講堂を後にしたゆりこたちは、マイクのいるファイナリストチームや、他に仲よくなったチームに話しかけた。芝生の上で記念撮影やアドレス交換をしたりしながら、お互いのこれまでの健闘を讃えあい、いつかまたどこかで会うことを約束しあった。なんと英語が苦手だったはずの藤田が一番溶け込んでいて、「カズヒーロ！」と呼ばれては他の海外チームのメンバーと一緒に記念撮影や談笑したりしていた。

こうしてゆりこたちのＭＩＴへの挑戦は、和やかなうちに幕を閉じた。

明後日朝のフライトまでの間は各々自由にボストンを散策した。ＭＩＴの大学生協に行ったメンバーは、お約束のＭＩＴのロゴ入りＴシャツを買っていた。一緒に購入したカフェインの化学構造式が載ったTシャツは、いかにもMITっぽい理系デザイン。これは、コーヒー好きの川村先輩へのお土産だ。岩村はMITの近くにあるハーバード大学の見学に行った。ハーバード大学の隣には学生たちがよく訪れるというハーバードスクエアがある。レンガ造りの建物の間に小さなお店が整然と並び、とても落ち着いた雰囲気の場所だ。

ゆりこはボストン内を走るメトロを使って、科学博物館（The Museum of Science、MoS）に行った。この博物館はプレゼンター（説明員）による実験があって、文字以外の展示や解説が豊富だった。特に、自分で手を動かす体験型の展示が印象的だった。

そんな観光を楽しんでいるうちに、あっという間に帰国当日になってしまった。感傷に浸る余裕もなく、皆は慌ただしく荷物をまとめ、帰国の途に就いた。

帰国、そしてそれぞれの進路

ボストンで過ごした夢のような日々を経て、ゆりこたちは帰国した。クラスメートや家族など、まわりの皆から祝福の言葉をもらった。

「ありがとう！」

そう皆の言葉に答えながらも、ゆりこたちの心にはひっかかるものがあった。結局、最終目標のファイナリストには届かなかったからだ。そのことを有賀先生に報告すると、先生は笑いながらこう答えた。

「君たちが〝真剣に〟取り組んだことは、この大学の誰もが知っとる。もっと堂々としや」

結果は大満足できるものではなかったかもしれないけど、初参加で金メダルは私たちの誇りだ。

実際、これまで応援してくれた大学の先生や先輩方は、ゆりこたちをよろこんで迎えてくれた。これまでの努力がもっとも報われる瞬間だった。

ゆりこたちはそれまでのハードスケジュールの反動で、日常生活に戻るのに苦労した。学生実習の準備や大学院進学や就職活動の準備も始まった。年が明けると、チームメンバーはそれぞれ新たな道を歩みはじめた。

iGEMでチーム運営に興味を持った藤田は、コンサルタント業界への就活をはじめた。また英語の得意だった岩村は、大会で世界とのレベルの差を実感し、大学院留学のための準備をはじめた。新木と嶋辺は来年度のiGEM出場に向けて新たなメンバーを迎えて動き出した。チームメンバーのそれぞれが、iGEMを通じて成長した様子を見るのは、彼らを率いたゆりことしても嬉しいことだった。

そして、あれから2年が経った。ゆりこは、合成生物学の研究が活発な国内の大学院に進学し、次の目標に向かって動き出していた。世界の頭脳が集まる街ボストンの次に目指しているのは、ノーベル賞の地ストックホルム。毎年ノーベル賞の授賞式が行われる頃、世界中から若手科学者が集う派遣プログラムがある。このプログラムはスウェーデンの財団が主催するセミナーに参加するというもので、日本からは毎年、全国の応募から選抜された数名が派遣される。このセミナーはノーベル財団の協力を得ており、参加者はノーベル賞の授賞式、晩餐会で受賞者と話をする機会もある。また参加者による研究発表も予定されており、国際交流の場としても重要な意味をもっている。奨学金ももらえるため、裕福でないゆりこにとってとても魅力的だった。

ゆりこはiGEMを通じて思ったことがある。遺伝子を操作する技術が発展すればするほど、それを安全に扱える技術も発展させなければならない。遺伝子操作を行う研究によって、生物の生態が脅かされないようにするための研究手法の開発だ。合成生物学についてもっと学び、人々の役に立つ研究をしたい。最先端の科学で、社会のためになるような研究ができる生物学者になりたい。かつて高校でお世話になった恩師との約束を果たすべく、ゆりこは生物学者への階段を確実に昇り始めたのだ。

高校時代、純粋な好奇心から生物学を志したゆりこは、大学での勉強と、そしてiGEMでの研究を通じて、社会の役に立てる科学者を目指すまでになった。それは自分自身に「本当にやりたいこと」を問いつづけた末に切り拓いた答えだった。

「あなたの本当にやりたいことは何ですか?」

夏の夜、心の琴線に触れたあのフレーズを、いまもゆりこは口ずさみながら歩いている。

第②部
バイオテクノロジーと社会

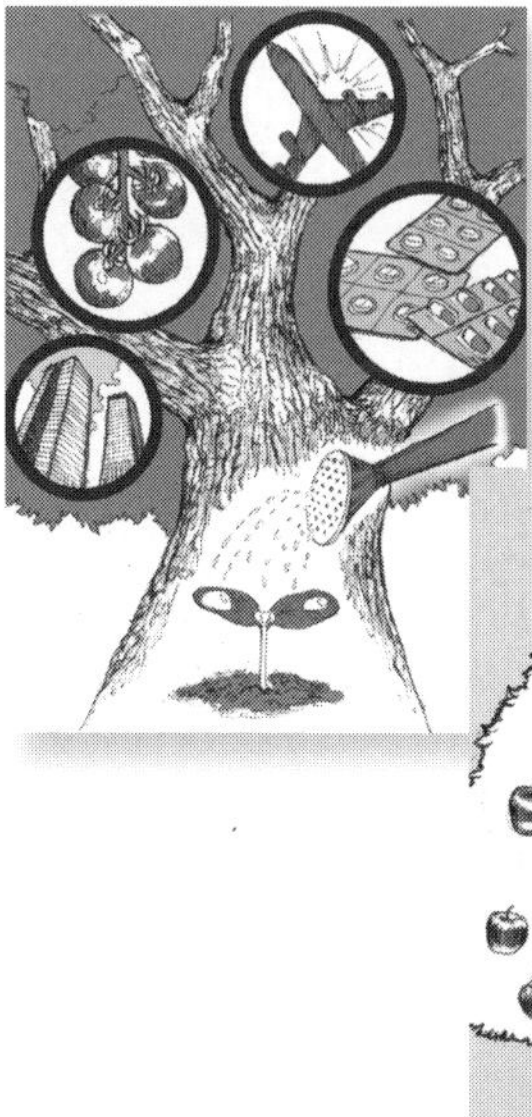

④バイオビジネスの現状と未来

なぜ今バイオビジネスなのか

20世紀後半から急速に発展した生命科学は、新たなテクノロジーとして産業に利用され始めています。次々と新しい発見がなされ、その中から革新的な技術や製品が生み出されています。バイオテクノロジーは化学産業、医薬品産業、農業などの分野に大きな変化をもたらし、現代社会が抱える様々な問題の解決や、新しい市場の創出が期待されています。このようなバイオテクノロジーを応用した産業活動を「バイオビジネス」と呼びます。

バイオビジネスに対する期待は大きく、多くの国家がその推進に力を入れています。成長の早いこの分野で知的財産を得ることができれば、21世紀の産業におけるリーダーになることができるからです。しかしながら、日本のバイオビジネスは出遅れており、優位な状況ではありません。そのため、世界の流れに取り残されないように巻き返しを図っていく必要があります。

この章ではバイオビジネスの現状をお話しし、実際の技術開発について医薬品、医療、化成品・燃料、農業の四つ分野に焦点をあてて紹介します。

取り残された日本のバイオ

2002年、政府は「21世紀はバイオの時代」を合言葉に、バイオテクノロジー戦略大綱（BT戦略大綱）とよばれる国家戦略を立案しました。以降、政府は巨額の国家予算をバイオテクノロジーの開発に歳出してきました。このようにバイオビジネスが大きな脚光を集めるようになった背景には、ヒトゲノムプロジェクトで多くの遺伝子情報が集積されたことや、細胞内の化学反応が詳細に分かってきたことがあります。2000年頃には、将来のバイオビジネスの市場規模は、25兆円になると予測されていました。そして、このような市場予測をビジネスチャンスととらえた起業家によって、多くのベンチャー企業が設立されてきました。しかしながら、2009年の国内バイオビジネスの市場規模は、予想に反してたったの2兆4千億円程度しかありませんでした。当初の想定を、はるかに下回っていたのです（『日経バイオ年鑑2009』）。なぜ、これほどまでに成長が鈍化してしまったのでしょうか。

この状況を理解するためには、バイオビジネスの先進国である米国と、わが国の置かれた状況を比較する必要があります。日米のもっとも顕著な違いは、日本におけるバイオビジネスへの投資資金が少ないことです。バイオテクノロジーは歴史が浅いため、企業は基礎研究に多くの資金を必要とします。しかし、研究が一歩進んだだけで、解決が困難な新しい事実が出てくることも珍しくはありません。次々と新しい研究課題が増えるために、製品が販売できるようになるまでの資金を、長期間に渡って投資家から集め続ける必要があります。しかし、米国と比較してベンチャー企業への投資が活発ではない日本では、資金が集まらずに起業ができなかったり、資金不足から事業を断念する事態が数多く起こりました。

次の大きな違いは、日本では研究開発に携わる人材の流動性が低く、優秀な人材を柔軟に集められないことです。日本では、昔から終身雇用が一般的です。優秀な人材だからといって、良い待遇を求めて何度も転職することはありません。特に大手企業ではその傾向が強く、人材は同じ会社に留まり続けることが多いのです。また、大学の研究者が企業に転職することや、その逆もほとんどありません。一方で、米国では企業間での人材の流動性はもちろんのこと、大学教授がベンチャー会社の社長になったり、逆に企業の研究員が大学教授になったりと大学と企業間でも人材の流動が盛んです。

このような米国の人材の流動性の高さは、新しいアイデアや新しい産業を生む推進力になっていると考えられています。シリコンバレーの小さなベンチャーで何か素晴らしいアイデアが生まれれば、近くにあるスタンフォード大学やカルフォルニア工科大学などのトップクラスの大学から、優秀な研究者を調達することができます。待遇次第では、アップルやグーグルといった先進的な企業から人材を集めることもできるでしょう。そしてそこでの成功がまた、よりよい待遇でのアカデミックキャリアやビジネスキャリアにつながっていくのです。しかし日本はどうでしょうか。東京の小さなベンチャーで何か素晴らしいアイデアが生まれても、それで東京大学を辞めて、あるいはソニーやトヨタを辞めて来てくれる人材はどれだけいるでしょうか。この違いが、日米の大きな違いを生み出しています。

もう一つの大きな違いは、日本は特許戦略で大きく出遅れているという点です。残念ながら、すでに欧米の企業や大学に多くの基本特許（製品を作る上で一番基本となる知的財産）が押さえられている状況にあります。バイオビジネスでは基本特許が莫大な利益を生むことが少なくありません。そのため、研究開発が遅れれば遅れるほど不利な状況となります。

米国と比較すると日本は出遅れた状況にありますが、バイオビジネスが大きな利益を生み出すポテンシャルを秘めていることに変わりはありません。現在は、期待されたほどの大きな市場を形成できていないものの、バイオテクノロジーを利用した新しい製品・技術の開発は着実に続けられています。バイオテクノロジーへの大きな期待を実現してバイオの時代を到来させるために、これまで以上の努力が望まれています。

COLUMN

ベンチャー企業の資金調達

（1）資金調達手段の種類

バイオベンチャーの多くは、研究開発に莫大な資金を必要とします。製品の種類によって状況は様々ですが、たとえば医薬品関係であれば、販売するためには当局の承認を必要とするため、収益につながるまでに何年もの時間を要してしまいます。よって、その間の設備費、人件費、研究開発費などを外部の機関より調達する必要があります。

資金調達手段には、大きく分けて「融資」と「投資」の二つがあります。融資とは、銀行など金融機関からお金を借りることを指し、そのお金は、後日、利息をつけて返さなければなりません。もちろん融資を受けるためには、担保（お金を返せなくなった場合に差し出す財産、土地など）が必要で、担保が不十分であれば融資を受けることはできません。

一方で、投資によって得られたお金は返す必要はありません。そのかわりに会社の「株式」を譲渡します。投資家は、会社が利益を生んだときに配当金を受け取るほか、株式市場に上場した際には「株券」を売買することで利益を得ることができます。もちろん会社が利益を産まなければ、株券はただの紙切れになってしまいます。投資家はそのリスクを踏まえた上で、ビジネスが成功しそうかどうかを判断して出資します。

ベンチャー企業への投資では、ベンチャー事業に「キャピタル＝資本」を供給する「ベンチャーキャピタル」と呼ばれる会社が大きな役割を果たしています。

（2）日米の投資資金の違い

日本と米国のベンチャーキャピタルを比較すると、その投資資金には格段の差があります。2010年度の投資額は、米国の1兆7千億円に対して、日本は1千2百億円に過ぎません。さらに大きく違うのは「エンジェル投資家」と呼ばれる存在です。エンジェル投資家とは、ベンチャーの起業にあたって投資を行う個人投資家のことを指します。米国でエンジェル投資家からの年間投資額は日本の120倍を超えるといわれ、ベンチャーキャピタルによる投資と同規模の資金供給がなされています。ベンチャーの起業で成功した人が投資を行っていることも多く、バイオベンチャーで成功した人材が新興のバイオベンチャーに投資する、という循環も生まれています。日本でも、ベンチャー起業を支えるため、エンジェル投資家による投資活動の活発化が望まれています。

バイオ医薬品

バイオテクノロジーがもたらした医薬品の進歩

医薬品の開発には、常にその時代の最先端の科学研究が凝縮されています。医薬品開発の歴史をみると、この100年の間に医薬品が様々な姿へと進歩していることがわかります。

体のしくみがまだよく分からなかった20世紀初頭。医薬品の開発は、〝偶然の産物〟と〝化学の力〟によってもたらされていました。〝偶然の産物〟に代表されるペニシリン（カビが産生する抗生物質）の発見は、研究中にたまたま混入してしまったカビが、菌を殺す物質をつくっていることに研究者が気づいたことから発見されたものです。この発見を契機として、いろんな微生物（カビや細菌）や植物がつくるたくさんの物質から、薬になるものを探す研究が行われました。そして、見つかった物質は化学の力で大量に合成され、感染症治療の薬として飛躍的な進歩をもたらしました。風邪薬や抗菌剤など、昔からある一般的な薬の多くは、化学合成によってつくられています。

その後、分子生物学の進歩によって体のしくみが徐々に明らかとなってくると、この知見をもとに医薬品を生み出す時代に入りました。たとえば、病気に対抗する様々な武器（抗体、ホルモン、補体、サイトカインなど）が体の中でつくられていることが発見されると、これらを医薬品として利用しようという発想が生まれます。しかし、微生物や植物がつくる物質と比較すると、人間の体の中でつくられる物質はとても複雑で大きいため、従来の化学の力ではつくることができませんでした。これを可能にしたのがバイオテクノロジーです。ここではバイオテクノロジーがもたらした代表的な医薬品について見てみましょう。

体の中でつくられるものを再現した薬

私たちの体の中では、日々たくさんの物質がつくられて働いています。しかし、何かの拍子にそれがつくられなくなってしまい、病気を引き起こすことがあります。たとえば、〝インスリン〟というホルモンが

図 4-1　医薬品の歴史

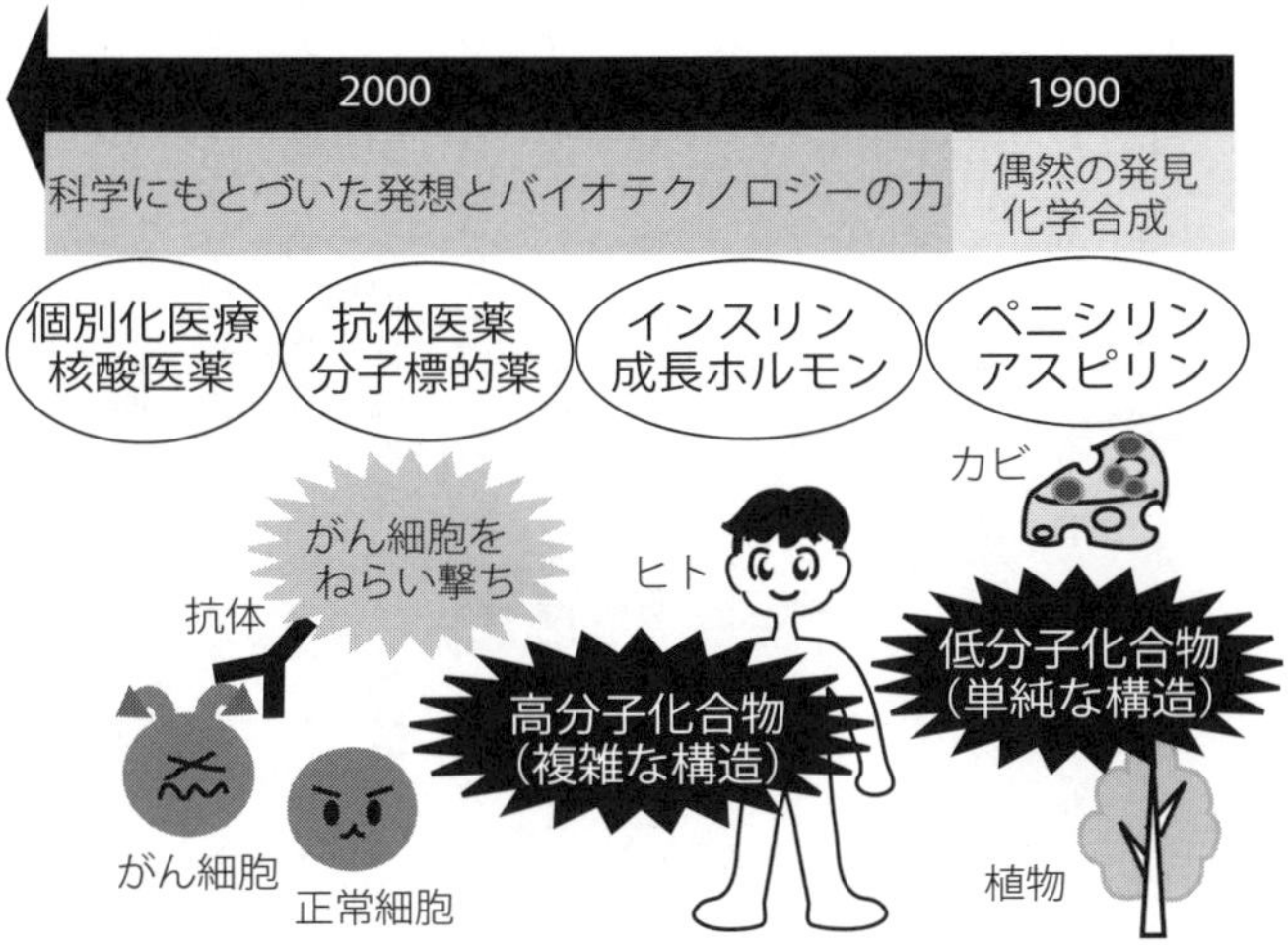

つくられなくなると、糖尿病になります。〝エリスロポエチン〟というホルモンがつくられなくなると、貧血になります。サッカー選手のメッシをご存知でしょうか？　ＦＩＦＡ年間最優秀選手に3年連続で選ばれ、芸術的なドリブル技術を持った彼は、実は〝成長ホルモン〟がつくられなくなる病気――低身長症（下垂体性小人症）でした。そんな彼を救ったのが、バイオテクノロジーによって生み出されたバイオ医薬品の「ヒト成長ホルモン」です。

ヒト成長ホルモンは、脳の下垂体（脳の直下の器官）から分泌されるタンパク質で、骨の伸長や筋肉の成長を促します。成長ホルモンはペニシリンなどと比べると複雑で大きな構造をしているため、化学合成ではつくることができませんでした。さらに、種特異性（ヒトと他の動物では異なる）があり、ヒト以外の動物が作ったホルモンでは効き目がないため、かつてはヒトの死体の脳から採取していたほどです。そのため、量や質、コストはもちろんのこと、倫理的な面でもたくさんの問題を抱えていました。

この問題を解決したのがバイオテクノロジーです。第1部で紹介してきたような、遺伝子組換え技術や細胞培養技術などのバイオテクノロジーを用いることで、化学合成では作ることができなかったヒト成長ホルモンを、大量にかつ優れた品質でつくることが可能となってきたのです。これらを一般に「バイオ医薬品」と呼びます。現在では成長ホルモンだけでなく、人の体の中でつくられる様々な物質を作ることができるようになっています。

それではメッシを救ったヒト成長ホルモンをはじめとした、バイオ医薬品のつくり方を見てみましょう。まず、ヒトの細胞から成長ホルモンの遺伝子（目的の遺伝子）をとりだします。これを、実験的に増やすことが容易なヒトの細胞や、他の生物の細胞（大腸菌、酵母、動物細胞など）に導入して培養します。この細胞からヒト成長ホルモン（目的物質）を抽出・精製してでき上がりです（図4-2参照）。同様の方法によって、インスリン（糖尿病治療薬）、エリスロポエチン（貧血治療薬）、インターフェロン（抗ウイルス薬、抗腫瘍薬）などのバイオ医薬品がつくられ、治療に役立っています。

血清療法から抗体医薬へ

ヒトは体の中で病気に対抗する様々な武器をつくっていますが、そのひとつに

図 4-2　成長ホルモンのつくり方

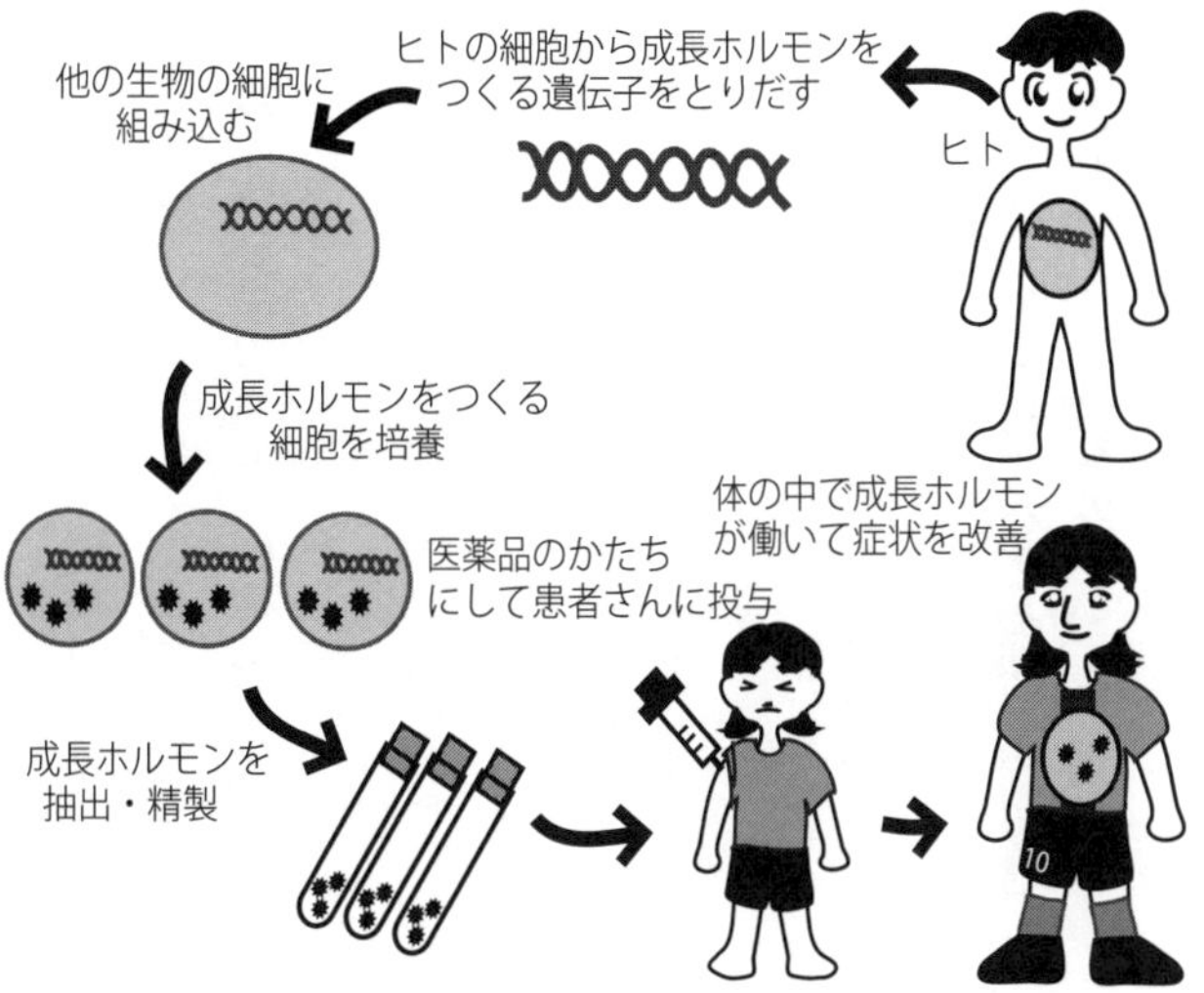

「抗体」があります。この抗体を薬として応用したものが「抗体医薬品」で、がんや関節リウマチの治療薬として力を発揮し、21世紀の創薬の中心となりつつあります。

抗体医薬品の歴史を見ると、北里柴三郎とベーリングによる抗毒素（現在の抗体）の発見にたどり着きます。北里らは、破傷風菌（犬などによる咬み傷、外傷で感染する致死性の高い菌）を少量ずつ動物に注射しておくと、その後大量の菌を注射しても動物が死なないことを見つけました。

続いて、この動物の血清（血液が凝固して上澄みにできる透明な液体）を他の動物に注射すると、この動物も大量の破傷風菌を打っても死なないことを発見しました。これは、最初に破傷風菌を注射された動物の血清中に、破傷風菌の毒素を中和して発病を阻止するものができていたためです。これを北里らは「抗毒素」と命名しました。現在「抗体」と呼ばれているものです。

抗体を含む血清を投与することで治療を行う「血清療法」は、破傷風やジフテリアの治療薬として応用されました。しかしながら、ウマなどの他の動物で作られた血清をヒトに投与すると、重篤な拒絶反応が起こってしまいます。また、動物の血清中に予想通りの抗体がつくられないことなど、医薬品として広く応用するには多くの問題がありました。

この問題を解決したのが分子生物学とバイオテクノロジーの進歩です。１９７５年にケーラー博士とミルスタイン博士によって発明されたモノクローナル抗体の作製法にはじまり、動物の抗体をヒト型化する技術の進展によって、様々な抗体医薬品がつくられるようになりました。

抗体の特徴

ヒトの体には、自分以外のよそ者（細菌やウイルス）を排除する免疫システムが備わっています。この免疫システムの中心プレーヤーが抗体です。抗体とは、病原菌やがん細胞などがもつ印（抗原）を認識して結合するタンパク質で、V字とI字が合体したY字型をしています。このV字の先端部分（Ｆａｂ部分）は2つの可変領域で抗原と選択的に結合し、Iの字部分（Ｆｃ部分）で補体と呼ばれるタンパク質を活性化したり、異物を攻撃する細胞と結合したりします。そして、捉えた病原菌やがん細胞を攻撃し、排除します。

抗体の特徴として、ターゲットとする抗原に対する高い特異性が挙げられます。一般に、体内に投与された薬は血液中を循環して体全体に広がるため、病気の原因となっている場所にたどり着いて働いてくれる薬の成分はごく一部です。たとえうまくたどり着いたとしても、まわりの正常な場所に働いて副作用の原因となってしまうことがあります。一方、抗体は目的物質とだけ選択的に結合して働くため、予想外の副作用につながりにくい薬なのです。

がん治療を切り拓く抗体医薬品

がんはもともと自分の細胞の遺伝子が傷ついてできたものであるため、よそ者を排除する免疫システムががん細胞を見つけて攻撃することは至難の業です。まるで、味方のフリをして紛れ込んだ〝スパイ〟のような細胞です。また、薬を開発する上でも、正常な自分の細胞には働かない（副作用の少ない）ものをつくることが困難でした。

そんな中、1990年代に入ってがんには目印（がん抗原）があることがわかってきたのです。そのひとつが、乳がんの転移患者さんに過剰に見つかった、HER2というタンパク質です。このHER2に結合する抗体をつくり、乳がん細胞を選択的に攻撃する抗体医薬品「ハーセプチン」がつくられました。これはがん細胞と正常な細胞には遺伝子の違いがあることを利用した、画期的な医薬品です。

ハーセプチンをはじめとした、がん細胞の増殖や転移に関わる特定の分子を狙い打ちする薬を「分子標的薬」と言います。

このようにバイオテクノロジーは〝化学合成技術では合成困難であった物質〟や〝体内にある有用な微量物質〟をつくりだすことを可能にし、様々な医薬品を生み出しました。最近では、個人のゲノム情報に基づいて医薬品の選択や開発を行なう個別化（テーラーメイド）医療や個別化診断（コンパニオン・ダイアグノスティックス）、核酸を医薬品に応用する核酸医薬品、ウイルスの特性を利用したワクチン療法など、医薬品の形は様々な方面で進歩しています。現在、がんをはじめとして私たちが克服しなければならない病気は数多くあります。しかし、バイオテクノロジーの進歩が、これらの病気の治療に新たな道を切り拓いていくことでしょう。

COLUMN

コンパニオン・ダイアグノスティックス

ここ数年注目されている新しい病気の診断方法として、コンパニオンダイアグノスティックス（コンパニオンＤｘ、個別化診断とも言われます）という技術が注目されています。たとえば「がん」と一口にいっても、その原因として様々な遺伝子の変異が考えられますが、個人によってその原因は異なり、治療方法や用いる薬も変わってしまう場合もあります。下手をすると、治療効果よりも副作用の方が強く出てしまうこともありえるのです。そこで、病気の原因と関係する何らかの指標（マーカー遺伝子の変異や特定のタンパク質が多くなってしまっている状態など）を患者ごとに調べることで、その患者に適切な投薬治療をおこなうためのコンパニオンＤｘに期待が持たれています。

従来のコンパニオンＤｘは、病理診断の延長線上にありました。古典的にはレントゲンであったり、最近では核磁気共鳴装置（ＭＲＩ）による画像診断だったり、あるいは血清中のタンパク質の濃度を測定したりすることで、患者の病気がどのようなものなのかを診断していました。しかしそれには感度の問題や、結果にブレが生じたりすることも多く、それによって診断する医師によって判断が異なってしまうなど、技術的な課題も残されていました。そのため、検査を失敗したときの訴訟リスクを病院は抱え込まなければなりません。また、検査項目が多く費用もかさむため、検査をするだけで非常に高額な負担を患者に負わせてしまうという問題もありました。

そこで最近注目されているのが、病理サンプルのゲノムを解読してしまうという方法です。最新の次世代シーケンサーを使えば、がん患者の腫瘍から採った組織を用いて解析することが可能で、どの遺伝子にどんな割合で変異が入ってしまったのかを定量的に調べることができます。結果は数字で表されるので、医師の技量によって結果が変わってしまうということがありません。また非常に高感度で、最近では患者の血液中に遊離しているごく微量のＤＮＡ断片からがんの診断ができてしまう、という研究成果も発表されています。この技術が実用化すれば、通常の健康診断の採血でがんの性状を細かく分析できてしまうようになります。バイオビジネスは薬だけでなく、診断分野でも大きなチャンスがあるといえるでしょう。

バイオと環境

持続可能な社会へむけて

ショッピングセンターに繰り出せば、次々と登場する「新製品」に出会います。現代に生きる私たちが、便利で快適な生活を送ることができるのは、科学技術のおかげといえるでしょう。一方で、私たちは発明した技術を利用するために、石炭や石油などの化石資源を大量に消費し続けてきました。化石資源は、車の燃料や火力発電所で電気の生産に利用されるだけでなく、プラスチックや衣類に含まれる合成繊維など身の回りにある日用品の原料でもあります。しかし、化石資源は有限であり、あと数十年で枯渇すると予測されています。また、燃やすと温室効果ガスである二酸化炭素が排出されるため、化石資源の利用は地球温暖化問題の原因の一つかもしれないと考える人もいます。

そこで、化石資源に依存した社会構造からの脱却を図るため、代わりの資源として「バイオマス」が注目されています。バイオマスとは、「生物」＝「バイオ」と「量」＝「マス」を組みあわせた造語で、「生物由来の再生可能な有機資源」のことです。

バイオマスには、樹木や海草などの植物、生ゴミ、動物の死骸・糞尿、プランクトンなどがあります。このようなバイオマスを原料として、エネルギーやプラスチックなどの化学製品を生産することを**バイオリファイナリー**（Biorefinery）と呼びます。バイオリファイナリーには、大きく2つの利点があります。一つめは、二酸化炭素の増加が抑えられることです。バイオマスに含まれる炭素は、もとをたどるとその大部分は植物が光合成で固定した大気中の二酸化炭素です。そのため、バイオマスから作られた製品を燃やしても、大気中に放出される二酸化炭素は大気中に戻っただけであり、大気全体の二酸化炭素の量に変化がないと考えることができます。もう一つの

図 4-3　バイオリファイナリー

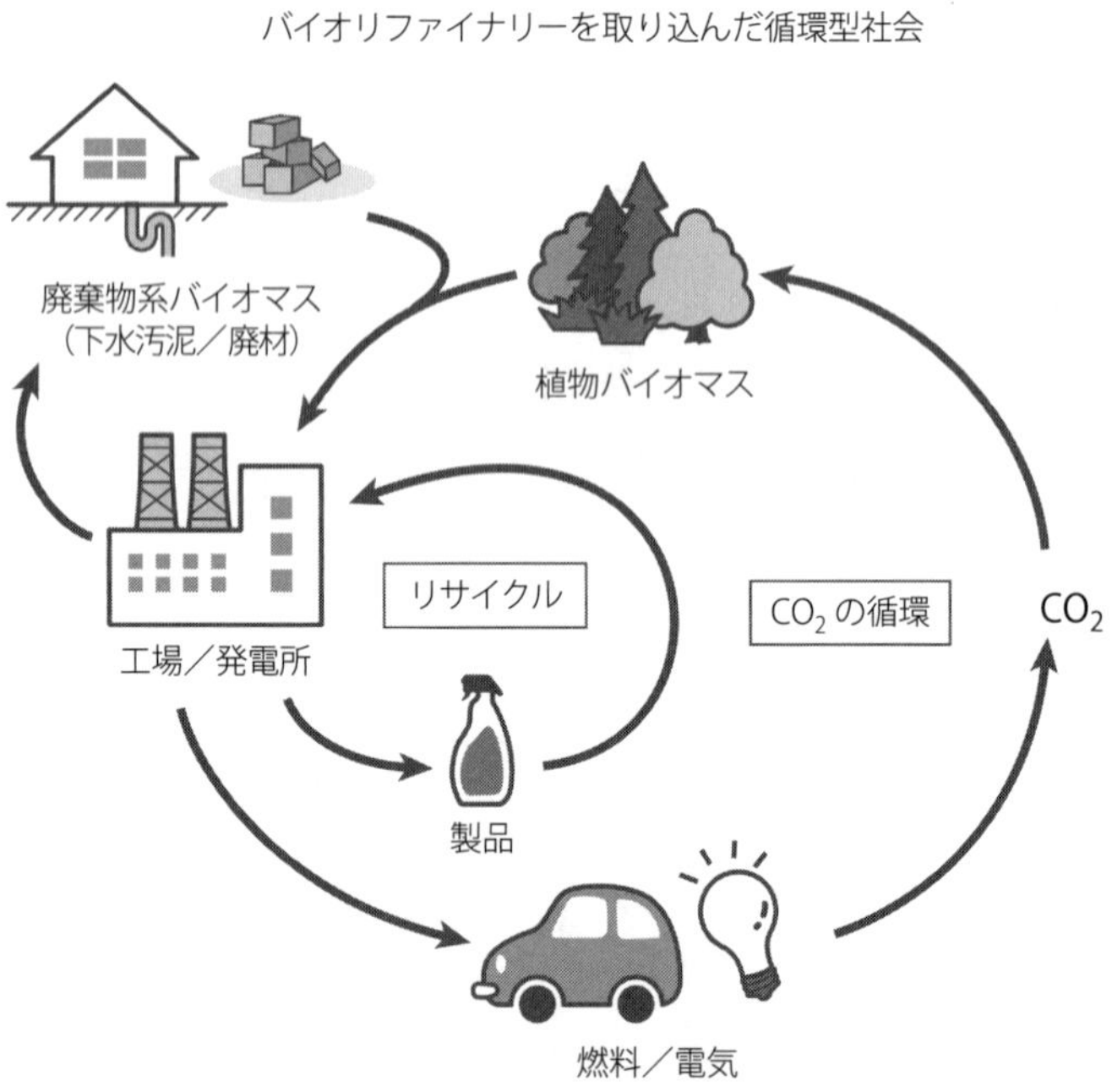

バイオリファイナリーを取り込んだ循環型社会

利点は、バイオマスは短期間で再生可能であることです。化石資源は数億年前の生物の死骸が、地底の奥底で長期間に渡る地熱と地圧の影響により熟成された〝ビンテージ品〟です。これに対して、たとえばトウモロコシは約3か月で収穫できます。したがって、バイオリファイナリーは、私たちが直面している化石資源の枯渇、そして地球温暖化という2つの大問題を同時に解決できると期待されています。

どのようにしてバイオマスから物質生産をおこなうか?

バイオマスを原料とした物質生産では、「発酵」という生産プロセスを利用しています。「発酵」と聞くと、「納豆」「醤油」「味噌」「日本酒」などの発酵食品を連想するかもしれません。風味豊かな発酵食品の数々は、微生物の働きによって作られています。微生物は、炭水化物などの栄養物を取り込み、体内で様々な化学反応を起こして生育に必要なエネルギーを作ることで、生きています。細胞内で起きる化学反応は代謝と呼ばれ、いくつもの反応が順番に起きています。それらの代謝反応の途中では、アルコールや酢酸などの副産物が生成されます。副産物の中には微生物にとっては不要であっても、私たち人間にとっては有用な物質も含まれています。それらの有用な副産物がバイオ燃料や化学製品になります。

COLUMN

優秀な生産菌をつくりだす

自然界に存在する微生物の多くは、人間に有用な物質を大量に生産することはありません。したがって、生産性の高い菌を育種する必要があります。また、遺伝子組換え技術を用いることにより、微生物に本来は生産しない物質の生産能を付加することも可能です。

従来の発酵産業では、微生物のゲノムにランダムな突然変異を誘発させ、得られた菌株の中から、生産性の高いものを選抜することで優秀な生産菌を生み出してきました。この方法により、多くの有用物質生産菌が生み出されてきましたが偶然性に頼るために、効率は良くありませんでした。また、得られた突然変異体がなぜ優秀なのか、その理由もわかりませんでした。

そこで、より合理的な育種方法が考え始められたのです。遺伝子工学を利用すると、目的とする物質を生産する酵素の遺伝子や代謝反応を制御する遺伝子を直接組み込むことが可能です。ただし、代謝は遺伝子レベル、酵素レベル、代謝物質レベルで複雑に制御されているため、改変すべき遺伝子の推測が容易ではありません。そこで、改変すべき遺伝子をコンピューターシミュレーションによって予測する手法の開発が進められています。こうしたシミュレーションに基づく育種により、迅速に生産性の高い微生物の構築が可能になると期待されています。

番外編でも登場した合成生物学の進歩により、遺伝子部品の規格化や代謝反応の制御スイッチなどが確立されれば、代謝反応をより自在に設計し、改変していくことができるようになると期待されています。

非食用植物利用に向けた研究開発

バイオリファイナリーの成果はすでにいくつかの製品として登場しています。しかし、バイオマスが化石資源に置き換わるには、多くの難題が残されています。特に大きな問題は、食糧需要との競合と生産コストです。現在、流通しているバイオリファイナリー製品の多くは、トウモロコシやサトウキビなどの農作物を原料としたものです。つまり、食糧や飼料の一部が、先進国の都合で燃料やプラスチックに作り変えられているわけです。農作物の利用は食糧不足を引き起こす要因になりかねません。また、現在の収穫量のすべてを物質生産に利用しても、石油資源の代わりの資源としては足りない、という試算もあります。そこで、非食用バイオマスを利用したバイオリファイナリーの開発が求められています。

現在の有力候補は、樹木や草本系の植物です。しかし、これらには発酵を阻害する不純物が多く含まれているため、そのままでは原料にできません。発酵阻害物を除去したり、不純物を発酵に利用できる成分に変換する必要があるために、生産コストが大きいという欠点があります。こうした問題を解決し生産コストを下げるための研究開発が進められています。

糖化コストの削減

トウモロコシやサトウキビの主成分は「グルコース」や「デンプン」でソフトバイオマスと呼ばれています。グルコースは簡単にエネルギーを取り出すことができる糖です。一方、デンプンはグルコースが連なった分子であり、酵素を利用してグルコースに分解（糖化）して発酵に利用されます。

一方で、樹木は「セルロース」や「ヘミセルロース」を大量に含み、ハードバイオマスと呼ばれています。セルロースの構造はデンプンと似ており、グルコースが連なった長い分子です。しかし、紙や木材が丈夫なことからも分かるように、セルロースは非常に強固な分子であり、グルコースへの「糖化」は容易ではありません。

糖化コストを削減するためには、安価な酵素作製技術を開発することはもちろん、酵素の再利用化技術など、生産プロセスの改良も進められています。神戸大学の近藤昭彦教授の研究グループでは、糖化プロセスと発酵プロセスを同時に行える糖化発酵同時プロセスの開発を目指した、「アーミング酵母」とよばれる特殊な性質をもった酵母の開発に取り組んでいます。この酵母は細胞の表面にセルロース分解酵素を発現し、細胞表面でセルロースの分解を行い、分解して得られた糖質からエタノールを生産します。つまり、糖化と発酵を同時進

図 4-4　バイオエタノールの生産工程

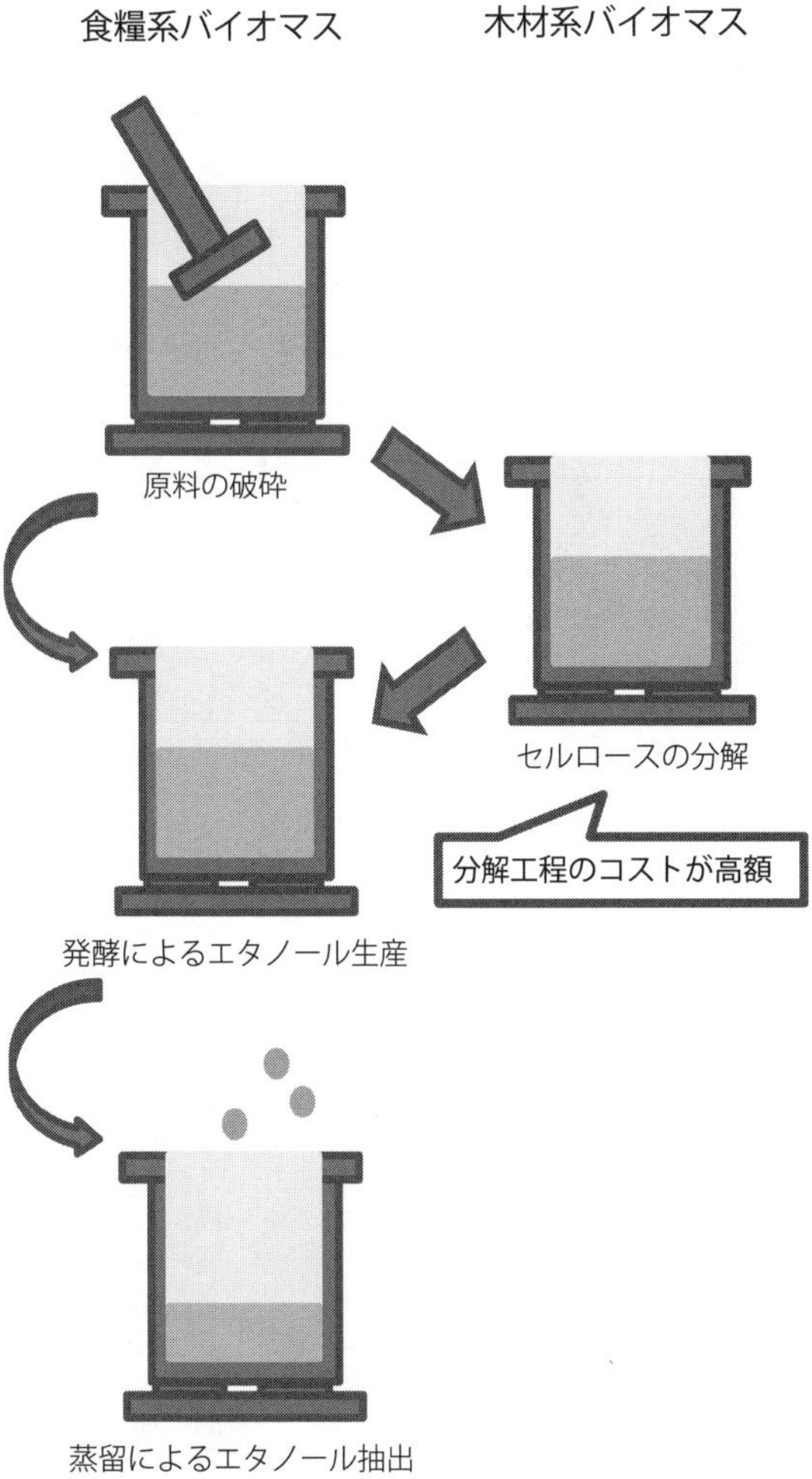

行することで、プロセスを簡略化し、低コスト化が実現できると期待できるのです。

五炭糖の利用

非食用バイオマスのもう一つの主成分であるヘミセルロースには、グルコースの他にキシロースやアラビノースといった糖が含まれています。グルコースが六炭糖（6個の炭素から構成される糖）であるのに対して、これらの糖は五炭糖（5個の炭素から構成される糖）です。バイオエタノールの生産では、この五炭糖の存在が大きな問題となります。実は、バイオエタノール生産に主に利用されている出芽酵母と呼ばれる微生物は、五炭糖をエタノールに変換することができないのです。

そもそも、バイオエタノールは石油エネルギーの代替、言い替えればガソリンの代わりとして利用することを目的に開発されています。ガソリンよりも安く利用できなければビジネスとして成り立ちません。そのため、原料を余すことなくエタノールに変換し生産コストを下げることが重要となります。そこで、五炭糖を利用できる菌体が必要だと考えられています。２０１１年には、トヨタ自動車が五炭糖を利用可能な菌体の構築に成功し、ネピアグラスという熱帯の非食用植物に含まれる糖の87％をエタノールに変換することを可能にしました。世界最高水準の変換効率にあり、同社は２０２０年までに非食用の植物を原料としたバイオ燃料の実用化を目指すことを発表しています。

バイオリファイナリー製品の現状

①バイオエタノール

バイオエタノールの生産は急速に伸びており、ガソリンに混合するという形で利用されるようになっています。現在、市場を引っ張っているのがブラジルと米国の〝2強〟です。両国が突出している大きな理由は、ブラジルではサトウキビ、米国ではトウモロコシといったバイオエタノール生産に利用しやすい資源が、豊富にあることです。

一方で、日本には安価で

図4-5 アーミング酵母によるセルロースの分解

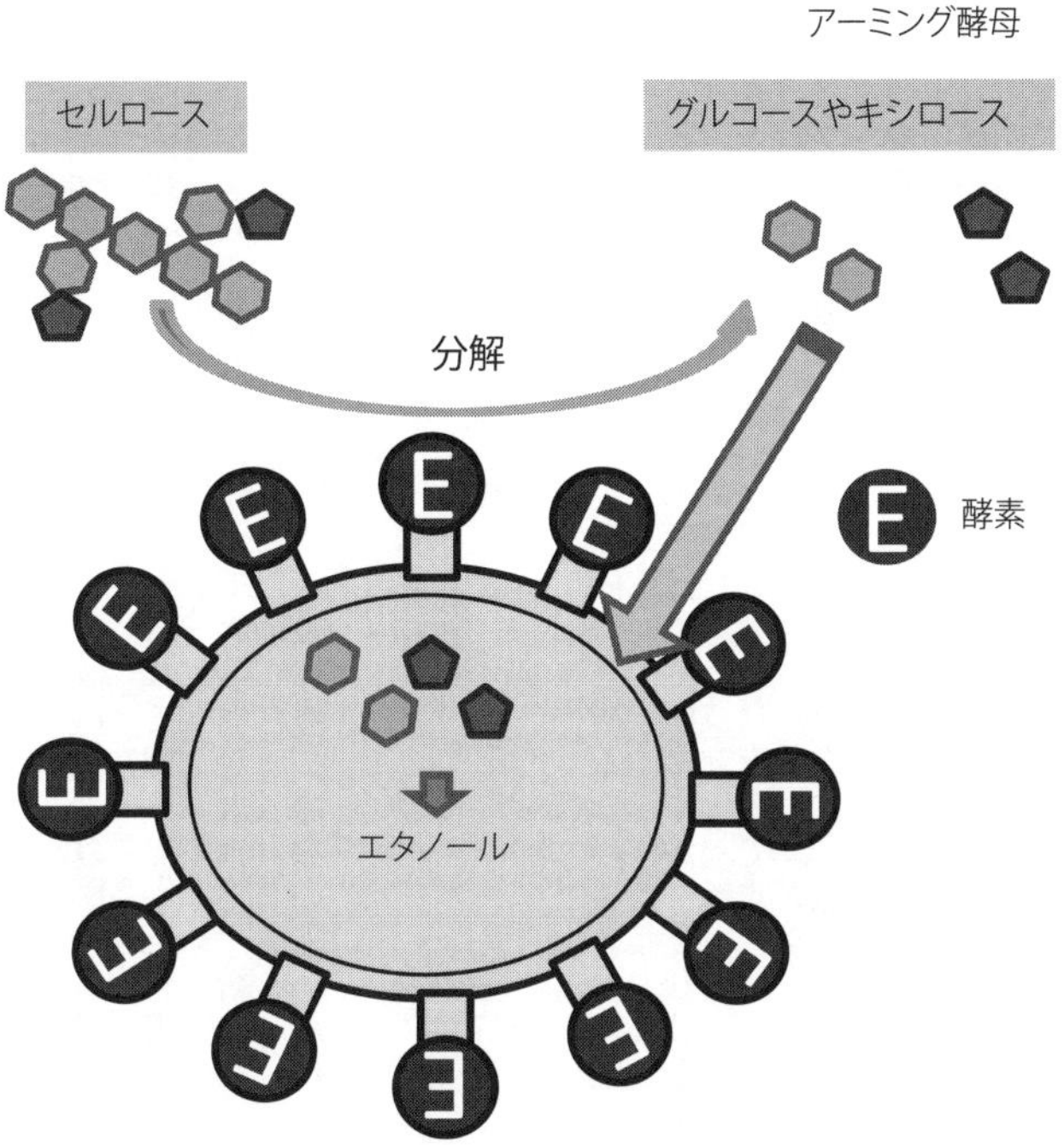

大量に手に入る農作物が存在せず、ビジネス展開には不利です。しかし、日本には豊富な森林資源があるため、非食用植物を利用した生産技術の開発が期待されています。

これまで順調に市場を拡大してきたバイオエタノールですが、米国の場合は国の方針として強力に事業を推進するため、開発や購入に多額の補助金が捻出されている点も忘れてはなりません。順調に市場規模を拡大しているものの補助金に頼っている面が大きく、新たなブレイクスルーがなければ、バイオエタノール市場のこれ以上の成長は見こめないといわれています。さらなる研究開発が望まれているのです。

② 化学製品

経済協力開発機構（ＯＥＣＤ）の報告によれば、化学製品全体に占める「バイオマス由来の製品」は、２００５年では全体の１・８％の１兆７千億円を占めていますが、２０２５年には全体の25％の44兆円にまで達すると予測されている、とても大きな市場です。

バイオマス由来の化学製品の代表格はプラスチックです。プラスチックは、様々な製品に利用されており現代の生活にはなくてはならない存在です。繊維として衣服やカーペットなどに利用されるポリ乳酸（ＰＬＡ）や、ゴミ袋やシャンプーの容器、清涼飲料のキャップなどに利用されるポリエチレン（ＰＥ）などがあります。

ポリエチレンは私たちの身の回りで最もポピュラーなプラスチックで、日本だけでも年間約300万トンものポリエチレンを消費しています。しかし、近年は環境問題や原油高を背景に、バイオプラスチックを選択する企業が増えてきました。バイオマス由来のポリエチレンは2011年にブラジルのブラスケン社によって生産が開始され、すでに世界各国で利用されています。

従来のポリエチレンがすべてバイオマスプラスチックに変わったら、石油資源の面からも、環境資源の面からも非常に良い効果が期待できます。バイオプラスチックの最新動向は、日本バイオプラスチック協会のHPで確認できます（http://www.jbpaweb.net/）。みなさんも身の回りのプラスチックがこれからどのように様変わりするのか、ぜひ注目してください。

COLUMN

微細藻類によるバイオ燃料生産

2012年、東日本大震災の被災地である仙台市で、環境浄化とエネルギー生産を同時に実現する全国に類をみないプロジェクトが始まりました。津波の被害を受けた下水処理施設、南蒲生《みなみがもう》浄化センターの復興に、石油を作る微細藻類「オーランチオキトリウム」を利用する計画です。これは、2010年に筑波大学の渡邉信教授によって発見されたもので、体内に石油に似た成分を溜め込む微細藻類で光合成はしません。計画では、浄化センターに集まる下水を栄養素として、オーランチオキトリウムを培養し、バイオ燃料の生産を行うことを目指しています。実現すれば、下水の浄化と燃料生産を同時に行える一挙両得な環境配慮型のシステムになります。

このように新たなバイオリファイナリーとして、微細藻類の利用が急激に注目され始めています。これは微細藻類がこれまでのバイオリファイナリーと異なるメリットを有しているからです。まず、陸上のバイオマスと違って耕地面積の限界を考える必要がないこと、食糧問題との競合が避けられることです。さらに微細藻類の多くは季節に関係なく増殖できるため、安定した供給が可能となります。また光合成が可能な微細藻類を用いれば、外から炭素源を供給する必要もありません。

しかし、ビジネス展開するためには、まだまだ多くの課題が残されています。プロセス面では、高密度大量培養方法や効率的な分離・回収方法、目的物質の抽出方法の確立が必要です。また微細藻類の品種改良も必要で、光変換効率や増殖速度の向上、目的物質の生産能力の向上が課題とされています。そんななか、日本ではユーグレナというベンチャー企業が先進的な取り組みをしています。安定的なエネルギー供給を可能にする究極のバイオマスとして、実用化に向けた研究開発の進展が期待されています。

バイオと農業

食糧問題の救世主か？　生態系を破壊する悪魔か？——遺伝子組換え作物の登場

夕飯のメニューを考えながらスーパーに入ると色とりどりの食材に目を奪われます。実がたくさん実ったぶどう。大きくて真っ赤なトマト。思わず、買う予定のなかった食材までかごに入れてしまった、という経験はありませんか？　しかし、いま私たちが目にしている美しい食材たちは、実は昔からその姿であったわけではありません。私たち人類が長い時間をかけて、品種改良をしてきた結果なのです。

作物の品種改良は農耕の発祥とともにはじまり、少なくとも一万年前にさかのぼるといわれています。かつてトマトは、いま私たちが目にするイチゴよりも小さかったし、6千年前のトウモロコシは、穂の長さが2センチしかなかったと言われています。少しずつ少しずつ、現在の姿に近づいていったのです。私たちが普段口にしている食材は、大昔の人々が夢に描いていた果実かもしれません。

このように植物の品種改良を行うことを、育種といいます。従来の育種方法では、異なる品種を交配させて種子を作り、その種子を栽培して目的となる形質をもつ品種を選別します。たとえば、実の大きい品種と、甘くておいしい品種を掛け合わせると、実が大きくて甘い種子を作ることができるかもしれません。しかし、逆に実が小さくて甘くない種子も、たくさんできてしまいます。育種では、人間にとって都合の良い種子を選んで栽培する、ということを何世代も繰り返します。こうすることで、実が大きくて甘くておいしい品種が確立するのです。

ただし、得られた形質をもつ品種同士を何度も交配させることで、遺伝子的に安定化させる必要があります。この方法での育種は一般的に十数年もかかってしまいます。また、実が大きい種子ばかりを選ぶと、今度は病気への抵抗性が弱くなったりして、何年もかけてやってきた育種が失敗してしまうこともあります。とても難しくて、根気のいる作業なのです。

ところが近年、**遺伝子組換え技術**の発展によって、長い時間をかけていた食物の品種改良と同じ効果を、短期間で得ることができるようになってきました。遺伝子組換え技術を利用すると、目的とする遺伝子だけを組み込むことが可能です。たとえば、「害虫に強い」性質を加えたい場合には、ほかの植物や微生物から「害虫に強い」性質を持っている生物を探し出し、その生物が持つ「害虫に強い」遺伝子を導入すれば良いわけです。このようにして作られた作物は、遺伝子組換え作物（GM作物）と呼ばれます。

世界の人口は増加の一途をたどっており、人々に食糧を行き届かせるためには作物の増産が必要となります。そのため、遺伝子組換え技術によるGM作物の開発が期待されています。

一方で、GM作物の野生化や、誤って周辺の植物と交雑してしまうことによる生態系の破壊が不安視されています。また、食の安全性の観点からも、不安に感じる消費者は多く、栽培に慎重な国々も少なくありません。しかしながら、農作業の効率化や、収穫量の増大、栄養素の強化など、GM作物が農業に与えるメリットが多いのも事実です。未知のものに対する不安をやみくもに怖れるのではなく、科学的検証によって安全性を確保することが重要です。このようなGM作物を巡る議論に関しては、5章でさらに詳しく扱います。

図 4-6　GM 作物

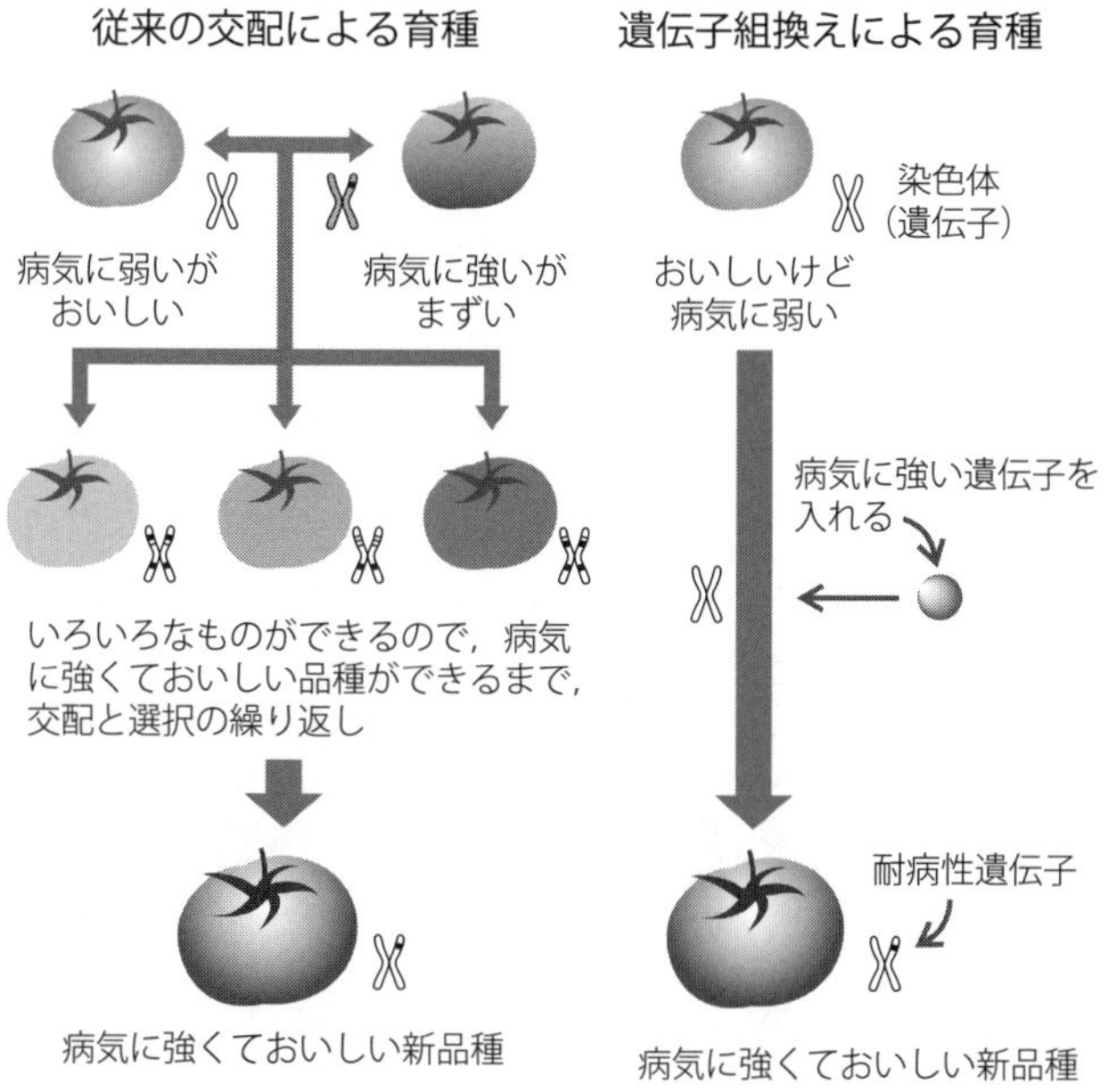

出典：日本モンサント HP

遺伝子組換え作物について知ろう

① 遺伝子組換え作物の種類

現在までに商業用として栽培されているGM作物は、「除草剤耐性」や「害虫抵抗性」を高めたものです。これらの作物は、生産性の向上や農作業の労力の低減が期待できます。作物の種類としては、最も多いものが大豆で、次いでトウモロコシ、ワタ、ナタネと続いています。これまでに開発された品種は生産過程にメリットがあるものが多いのですが、栄養素を高め健康増進機能に注目したGM作物の開発も進んでいます。

その一つに「ゴールデンライス」と呼ばれる品種があります。「ゴールデンライス」とはビタミンAにかわるベータカロチンを成分として含むように遺伝子組換えがなされたお米です。ビタミンAの摂取不足はビタミンA欠病症を引き起こす要因となり、長引くと失明を招くこともあります。米にはベータカロチンが含まれていないことから、この病気は米を主食とするアジア圏に多い疾患です。現在はフィリピンにおいて実用化に向けた実験栽培が行われています。

② 日本における環境への影響についての安全性評価

GM作物の開発は、初期段階では外界から閉鎖された実験室や温室で行います。安全性が未確認の組換えDNA生物が外部に放出されることがないように、空気、水の出入りを管理しています。安全性が確認されれば、徐々に試験栽培の規模を拡大し、農場での試験を行います。

農場では、周辺の生態系に悪影響を及ぼさないか、近縁の植物と交配しないかどうかを試験します。周辺環境に影響を及ぼさないことが認められた場合のみ、農林水産省と環境省により承認される仕組みになっています。これらの安全性審査をパスしなければ、商品化されることはありません。

③日本における遺伝子組換え食品の安全性評価

さらに、健康に悪影響を及ぼさないかどうかの安全性評価が行われます。食材として、従来の食品と同等の安全性をもつかどうかが審査のポイントとなります。遺伝子組換えで変化した性質によって、毒性をもつ成分ができていないか、アレルギーの原因となる物質が多量に蓄積されていないかなどが、入念に検査されます。ただし、変化した性質以外は既存の食品と変わりはないので、改めて動物実験による毒性試験が行われることはありません。

集まった検査データは厚生労働省に提出され、専門家によって構成された食品安全委員会で評価されます。さらに、一般消費者からの意見収集が実施され、その後食品として認可されます。

ＤＮＡマーカー育種って何？

ＧＭ作物は、様々な生物から目的の機能を強化する遺伝子を探しだし、人工的に組み込んだ作物です。そのため、同じ種同士を掛け合わせる従来の育種と異なり、本来は持ちえない遺伝子を、種の壁を越えて組み込むことが可能です。日本においては安全性や生態系への影響を不安に感じる声が少なくなく、依然として消費者に受け入れられているとは言えない状況です。そこで、消費者に受け入れられやすい方法として、人工的に遺伝子を組み込むことをせず、従来と同じ育種方法をもとにした「ＤＮＡマーカー育種（分子育種）」という新しい育種方法が開発されました。

「ＤＮＡマーカー育種」は、基本的には従来の育種とまったく同じ枠組みで行われます。しかし、従来の育種ではたとえば大きい実をつけるかどうかは、実際に実をつけてみなければ分からなかったのに対し、ＤＮＡマーカー育種ではＤＮＡ鑑定（ＰＣＲやシーケンシングをすること）によって、実際に実をつける前に目的とする形質をもつ個体を選び出すことができます。つまり、育種の時間を大幅に短縮できるのです。

たとえば、目的の遺伝子がＤＮＡ配列に含まれているかどうかを、ＰＣＲ法により調べます。この方法の優れている点は、素早く確実に目的の遺伝子の有無を調べられることです。これにより、芽の段階で最も良いものを選別できることから、栽培面積や労力を軽減し、確実で安定した育種が短期間でできるようになります。「ＤＮＡマーカー育種」は、種子の選び方がより洗練されただけで、育種の方法そのものは人類が一万年かけてやってきた方法とまったく同じです。GM作物とはまったく別物であり、日本の消費者にとって受け入れやすい方法として有望視されています。

害虫の天敵は農作物の味方——生物を利用した農薬

農作物を効率的に生産するには、農薬はいまや不可欠と言えるでしょう。しかし、過度の農薬の使用は、私たちの健康にも悪影響を与える場合があります。そこで、化学的に合成した農薬の代わりに、「天敵」を利用した害虫駆除が注目されています。有名なものでは、田んぼにアイガモを放ち、害虫を食べてもらうアイガモ農法という方法があります。

最近では、天敵そのものや天敵が作る毒素成分を製剤化して農薬として利用する「生物農薬」と呼ばれる製品が登場しています。限られた種にしか効果がなく、人間や植物に無害で環境に悪影響がないことなどがメリットといわれています。

生物農薬に利用されている微生物はバチルス属の細菌が有名です。この菌株が生成するタンパク質の一部には、イモムシやハエ、カミキリムシに特異的に効果がある毒素が含まれています。毒素となるタンパク質を結晶化し製剤にしたものや、パルプシートに菌体そのものがコーティングされたものなど、様々な形で販売されています。

バイオビジネスの挑戦

経済活動は、常に発展し続けることを求められます。日本がその発展を続けていくためには、新しいアイデアや工夫といった、イノベーションを生み出し続けなければなりません。そんななか、大学で生まれた〝大学発ベンチャー〟は、大学に埋もれている研究成果を掘り起こし、新しい市場を開拓するイノベーションの担い手として期待されています。２００１年に経済産業省が「大学発ベンチャー１０００社構想」を発表してから、全国の大学で大学発ベンチャーの設立ラッシュが続きました。バイオ分野でも１９９９年に設立された「アンジェスＭＧ」をはじめとして、これまでに様々なベンチャー企業が生まれました。ここでは新しい技術の創出の鍵となるベンチャー企業に焦点をあて、バイオビジネスを取り巻く環境についてみていきたいと思います。

ベンチャー企業を取り巻く環境——大学と企業の違い

新聞やテレビでよく目にする「ベンチャー企業」ですが、大学や一般の企業と何が違うのでしょうか。

大学は基礎研究を行うことを重視し、商品開発や商品を売るためのマーケティング、営業活動などは行いません。短期間で収益を上げる必要はありませんから、一つのテーマに時間をかけて、じっくり取り組むことができます。たとえば大学院生を抱える研究室であれば、修士課程と博士課程を合計して5年間程度を見据えて、一つのテーマを設定するような場合もあります。

しかし、たとえ製品開発に応用できるような研究成果を生み出せたとしても、それをビジネスの世界で活かそうという仕組みはありません。せっかくの研究成果が論文発表だけで終わってしまい、大学の研究室に埋もれてしまうということもあるのです。

一方で、企業は利益を生み出すことを事業の目的としています。多くの企業は1年程度の短期間で利益を上げる必要性に迫られています。ですから、売上が確実に伸びそうな、〝有望な技術〟に集中的に投資をします。そして、短期間で利益につなげられるように、商品の開発や販売ルートの整備に力をいれます。しかし、短期間で利益を出すことを重視するあまり、まだ基礎研究段階の〝有望かどうかわからない技術〟には、力を入れることができなくなります。たとえ現場の技術者が、「これは5年後に1兆円の市場になる」と強い信念を持っていたとしても、会社の経営陣や株主を説得するには、5年という歳月はあまりにも長いのです。

しかし、その未来の〝1兆円〟に自分の人生を賭け、挑戦する人たちもいます。それまでに築き上げた会社員や大学研究者としての身分を捨て、自分の信じる技術の製品化を目指す人たちです。彼らは1人から10人ほどの小さなチームを作り、起業します。経営者や株主を説得するのではなく、自らが経営者や株主となることで、自分の思い通りの研究開発をするのです。これを、ベンチャー企業といいます。

ベンチャー企業は、何かに特化させた事業を行っています。たとえば、失敗するリスクが高くて大企業が手を出しにくい基礎研究や、斬新なアイデアや技術をもとにして作った製品の開発などで、その事業モデルは様々です。しかし、少人数ですばやく意思決定をし、「小回りの利く」経営ができるのが、ベンチャー企業に共通する強みといえます。

たとえば、薬の開発に関連する分野をとってみても、様々な事業モデルが存在します。バイオビジネスで最も一般的なのが、医薬品の開発を行う〝創薬型ベンチャー〟といえるでしょう。創薬型ベンチャーは、大学などの研究機関が開発した製品のもととなる〝タネ〟を利用します。この〝タネ〟は、そのままではビジネスに使えませんが、うまく製品開発することができれば、ビジネスになる技術やアイデアのことです（「研究シーズ」とも呼ばれます）。たとえば、1章で登場したiPS細胞を誘導する技術などが、この〝タネ〟に相当します。

この〝タネ〟は、まだ世間には公表していない秘密の技術か、もしくは特許を出願中の技術です。創薬型ベンチャーは、この〝タネ〟の使用許可をもらって（ライセンス化）、独占的に研究開発をします。この研究が実を結び、医薬品の候補物質になればさらに特許を申請します。

医薬品の特許は、場合によっては何百億円、何千億円といった莫大な富を生み出すこともあります。創薬型ベンチャーは、大手製薬会社にその特許を売ることで、大きな利益をあげることができるのです。このように、特許を売ることで収益をあげるようなベンチャー企業は、たくさんあります。

COLUMN

創薬ベンチャーの種類

バイオベンチャーは製薬企業の様々なニーズにあわせて、大企業よりは迅速に事業モデルを構築することができます。そして、非常に多様な事業形態をとっています。

創薬源探索型ベンチャー：医薬品の開発そのものは行わず、医薬品の候補となる物質を探す。たとえば、病気の原因となる細菌が作るタンパク質を見つける。医薬品開発のための最初のステップに特化したベンチャーのこと。

研究開発ツール提供型ベンチャー：医薬品の研究開発で役に立つ道具（ツール）を提供するベンチャー。大型装置から試薬に至るまで様々な形態が考えられる。2013年に上場したES細胞やiPS細胞の技術を提供する株式会社リプロセルも、このタイプのベンチャーになる。

創薬支援サービス型ベンチャー：製薬会社の研究開発を支援し、様々なサポートを提供する。医薬品に関わる情報やサービスを販売することで収入をあげる。

大学発ベンチャーをつくる

大学で得られた研究成果を医療の現場で役立てるときに、まず必要なことは特許をとることです。もしも特許をとらずに研究成果を公開してしまうと、その発明の権利は誰のものでもなくなってしまい、企業が商品を開発することができなくなってしまうからです。大学は特許を企業にライセンスすることで、収入を得たり、その発明がきちんと開発されるように管理することができます。また、企業は特許をとることでさらに資金を集め、研究成果をもとにした商品の開発や商品販売を行います。

「特許が誰のものか」はとても重要なことですから、各大学や研究機関ではあらかじめ特許についてのガイドラインを定めています。基本的には発明者である研究者、研究機関、大学が権利の主体者となります。

大学の研究者が自分の発明した技術をもとに事業展開をするときは、次の2つのケースに分けられます。一つは先ほど述べたように、大学が取得した特許を企業等にライセンス化し、その使用許可で利益をあげることです。二つ目は特許を管理する企業として、ベンチャー企業を作ることです（これを「起業」といいます）。大学の研究者が起業する場合は自身が社長（最高経営責任者（ＣＥＯ）や代表取締役などいろいろな呼び方があります）となる場合もあれば、研究者は技術顧問になって経営とは距離をおき、第三者の経営の専門家に会社の運営を任せる場合もあります。日本ではベンチャー企業の経営は、専門家に任せることが多いようです。大学の技術を利用して起業したベンチャー企業は、「大学発ベンチャー」と呼ばれます。

次の節ではユニークなベンチャー企業を具体的に紹介します。

国内外の大手製薬企業と提携を結ぶ日本の大学発ベンチャー

２００３年、北海道大学の高田《たかだ》賢藏《けんぞう》教授の技術をもとに、大学発ベンチャーの株式会社イーベックが起業しました。イーベックがもつ抗体技術の特許には、これまでの欧米の特許に依存しない独自の製法があり、作製された抗体は非常に高い効果を示しました。そして２００８年にはドイツの製薬会社ベーリンガーインゲルハイム（ＢＩ）と抗体の開発・製品化について独占契約を結び、なんと約５５００万ユーロ（約88億円）もの大金を手にしました。この契約により、ベーリンガーインゲルハイム（ＢＩ）は、イーベックの開発した抗体医薬の１つに関して、全世界での開発および商業化の独占権を取得したのです。

国内のベンチャー企業でこれほど多額の契約が結ばれたのは、初めてのことです。この他にもイーベックは別の抗体についても積極的に大手製薬企業との協議を進めています。この契約は日本が高い技術を有していることを世界に知らしめることとなりました。イーベックのような例が日本に増えていくことが、今の日本のバイオビジネス分野に必要なことなのかもしれません。

大学で堅実な事業モデルを展開

これまでも、大学で開発された技術をもとに事業展開しようとした例は少なくありません。新しい技術を発明した研究者は、自分の研究成果を利用して難病に効く新薬を開発できると期待します。しかし、実際に事業展開してみると、思うように利益を生む形にまで持っていくことは難しく、経営難に陥る企業は少なくありません。そうしたなかで、大阪大学の森勇介教授と三菱商事が出資し、２００５年に設立された「株式会社創晶」はタンパク質の結晶化の高い技術で成果をあげています。

創晶の事業モデルは、シンプルかつ堅実です。製薬企業は薬の開発のために、様々なタンパク質の結晶を必要としています。タンパク質の結晶を調べることで、タンパク質の構造を調べることができるからです。しかし、タンパク質を結晶化させるには高度な技術と設備が必要です。予算の限られている一つの企業が、多くの未知のタンパク質に対応することはとてもリスクの大きいことです。そこで、創晶は顧客である製薬企業から化合物（溶液や粉末）を預かって、大阪大学の高い技術で結晶化を行い、この成果物を製薬企業に提供します。

大学の設備を使って企業のリスクを肩代わりするという創晶の事業モデルは、大学と企業の連携の成功例として注目を集めています。2005年の設立後、2006年に産学連携功労者表彰・科学技術政策担当大臣賞、日経BP技術賞大賞、2007、2008年に文部科学大臣表彰を連続受賞するなど、各種表彰を総なめしています。2008年には片倉工業株式会社と業務提携を結び、タンパク質の発現・精製、結晶化、品質評価、立体構造解析までを行うようになりました。「新薬開発には参入しない」と明言しているため、秘密保持に敏感な計約40社の製薬企業も安心して発注を行っています。得意な技術に的を絞って確実に収益が得られるように事業展開を行っており、今後ますますの発展が期待されています。

「ネコを怖がらないネズミ」の研究からネズミの忌避剤の開発へ

2010年に設立された脳科学香料株式会社は、ネズミなどの有害獣を遠ざける薬（忌避剤）を開発しています。この忌避剤の開発のもとになったのは、大阪バイオサイエンス研究所（OBI）の小早川令子博士、夫の高《こう》博士を中心にした研究チームの基礎研究です。ハツカネズミやドブネズミなどの哺乳類は、臭いを学習することで天敵から逃げたり、エサの発見をすると考えられています。小早川夫妻はこれを応用して、ニオイの感覚（嗅覚）に遺伝子操作を加えて「ネコを怖がらないネズミ」を作り出しました。さらにこのネズミの脳の研究から、これまでの忌避剤より10倍の強さを持ち、効果も長時間持続する新しい臭い分子の開発に成功しました。

これまでの忌避剤には、動物の慣れや、効果が時間とともに弱くなっていくという弱点がありました。しかし、今回開発した臭い分子は、すべての弱点が克服されています。小早川夫妻の研究は2010年3月、大阪商工会議所が中心となった「バイオビジネスコンペJAPANでも高く評価され、最優秀賞を受賞しました。その後、基礎研究を続けていくだけでなく、実際に忌避剤の商品開発、販売を実現するための事業化も進んでいます。

2010年7月には脳科学香料株式会社を設立し、大阪府が大阪でのバイオ産業の活性化のために設立した大阪バイオファンドの投資を得て、製品化を進めています。代表取締役にはこれまでベンチャー企業の取締役を務めた経験のある小山内靖氏が就任し、小早川夫妻は技術顧問になりました。技術開発した研究者が事業展開に携わらず、それぞれの専門家が役割分担をして経営を行っています。こうすることで、小早川夫妻は研究所での基礎研究を続けつつ、事業化に向けた製品開発を効率よく進めることができるようになりました。

大学の研究者の多くは、基礎研究を続けることを希望する場合が多いのです。大学発ベンチャー企業は、このような体制で事業展開していくのがよいのかもしれません。

日本の技術を米国から発信するシリコンバレーの企業

これまで見てきたベンチャー企業は大学で得られた技術をもとに事業モデルをつくりあげ、事業展開をしていく〝研究開発型のベンチャー企業〟でした。その他にも試薬や機器など研究開発に必要なものを販売する〝商社型のベンチャー企業〟もたくさんあります。ビーブリッジ社（B-Bridge Inc.）は、シリコンバレーに本拠地を置く〝商社型のベンチャー企業〟です。

創業者で取締役社長を務める桝本博之氏は、日本国内の試薬メーカーと、シリコンバレーに拠点を置く研究用試薬メーカー勤務をへて、２０００年に独立してビーブリッジ社を設立しました。最初に手掛けた事業は、日本の販売店からの試薬の問い合わせを受けつけるカスタマーセンターです。これは、顧客の問い合わせに応じて英語文献を調べて試薬情報を提供する、という試薬の販売業でした。日本と米国にある時差を利用し、日本で夕方に問い合わせがあった試薬に対して、日本時間の翌日の朝までに商品の入手可能時期や技術について詳しい調査をして提供したのです。その後、試薬の自社開発や、技術開発を行う施設を運営するインキュベーション事業などもてがけ、様々な事業を展開してきました。

また、様々な技術やサービスが世界中に広がっていく場であるシリコンバレーという立地を生かして、日本の企業が開発した試薬の世界的な販売なども行っています。世界的な販売に成功した例の一つは、大塚製薬の研究開発したアディポネクチンという物質の検査薬です。

アディポネクチンは脂肪細胞で多くつくられる物質で、大塚製薬が開発した検査薬を使うことで様々な用途に応用することができます。しかし、その品質の高さや用途の広さとは裏腹に、販売数は伸び悩んでいました。ビーブリッジ社はこのアディポネクチン検査薬の海外における独占販売権を獲得しました。そして、シリコンバレーのネットワークを活かし、アメリカの一流大学であるスタンフォード大学の教授から製品の推薦を得ることができました。このようにして、世界的なマーケティングをすることで、日本で研究開発した試薬を販売することに成功したのです。

さらに、日本の技術を世界に発信するために、日本の大学とシリコンバレーの企業とを結ぶ事業にも進出しています。すでに、日本の20以上の大学と契約して、シリコンバレーにある大学や企業との事業化がはじまっています。日本の大企業の多くが商品の世界展開に苦しむなか、着実に事業を拡大しています。「数年後にはまったく違ったビジネスモデルになるかもしれない」と話す桝本氏の今後の事業展開に、大きな期待がよせられています。

バイオベンチャーが置かれている状況

大学発のベンチャー企業を増やしていくために、日本では2000年前後から様々なインフラ整備が始まりました。その一つが、技術移転機関（TLO）です。

TLOは、大学と企業がうまく連携できるように活動を行う組織で、大学の技術や研究成果を民間企業に橋渡しする際の仲介役となります。当時、米国ではすでにあらゆる大学にTLOがありました。大学のウェブサイトには特許が並んでいて、国内外の誰もが自由にアクセスし、大学との共同研究や特許のライセンス化がしやすい状況にありました。実際、米国ではアムジェン社やジェネンテック社（２００９年にロシュ・ダイアグノスティックス社の完全子会社となる）といったベンチャー企業が成功し、ＴＬＯもこれに貢献していました。しかし、当時の日本には、まったくと言っていいほどＴＬＯは存在していなかったのです。

遅まきながら日本政府もこの対策に乗り出し、１９９８年に施行された「大学等技術移転促進法」では、国がＴＬＯを支援することが定められました。さらに１９９９年には「産学活力再生特別措置法」が定められました。これは米国で１９８０年に成立した「バイ・ドール法」を模したもので、政府が資金援助した委託研究の成果である知的財産権を、国だけでなく受託先にも帰属できるようになりました。これによって、大学での研究をもとに事業化することがしやすくなりました。また、同じ年には、東証マザーズやナスダックジャパン（現、大証ヘラクレス）が創設され、ベンチャー企業が資金調達をしやすくなりました。

このような中で２０００年前後から、日本でベンチャー企業は次々に設立されていきました。バイオベンチャー企業の数は２００６年の５８７社をピークに、２００９年では５５８社となっています。ただ、ベンチャー企業が増えたのはよいのですが、この５５８社のうち、米国のベンチャー企業のように経済的に成功した企業はまだ存在していないというのが現状です。製品を市場で売って収益をあげている企業は、まだ数えるほどしかありません。２００８年には「リーマンショック」と呼ばれる経済危機があり、さらにバイオビジネスの市場に投資されるお金は減ってしまいました。その結果、ここ数年はバイオベンチャーが毎年15社前後のペースで倒産しています。その一方、新規企業の立ち上げは激減しています。

残念ながら、日本のバイオに対しての投資額は減ってしまいました。では、今後のバイオビジネスはどうなっていくのでしょうか。そして、どうすればバイオビジネスが発展していくのでしょうか。

これからのバイオビジネスを考えるために、バイオベンチャーが成功している米国に目を向けてみましょう。米国の代

図 4-7　日本のバイオベンチャーの設立企業数

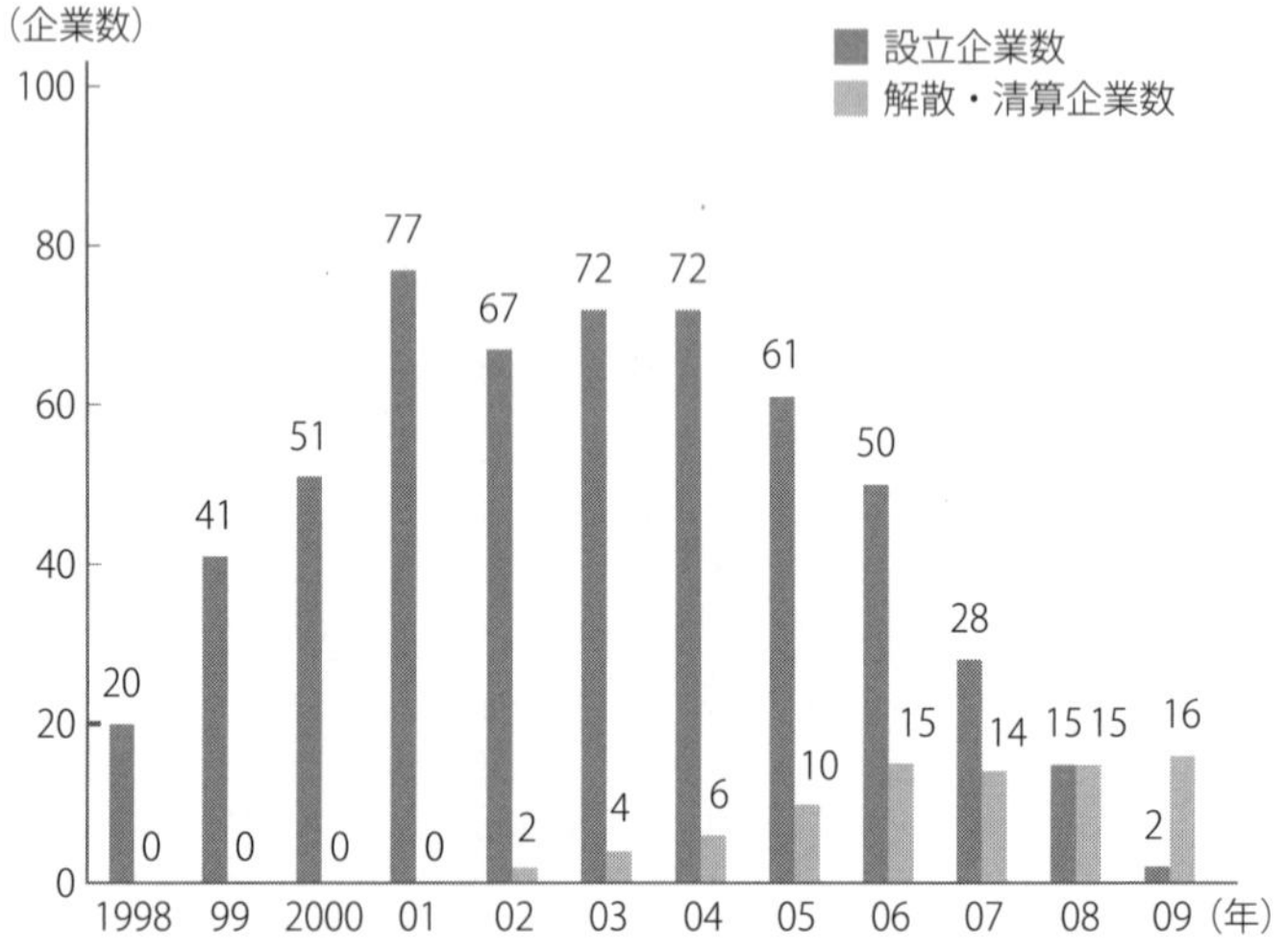

出典：財団法人バイオインダストリー協会「2009年バイオベンチャー統計調査報告書」

表的なバイオベンチャーとしては、1980年に設立されたアムジェン社、そして1976年に設立されたジェネンテック社があげられます。アムジェン社はエリスロポチエンやG－CSFといったタンパク質の医薬品の開発に成功しました。2010年度の売上げは150億ドルと、この一品目だけで日本最大手の製薬企業である武田薬品工業の売上げに匹敵してしまいます。ジェネンテック社はインスリンや、ヒト成長ホルモンといったタンパク質製剤と抗体医薬品の製品化に成功しました。2009年にロシュ・ダイアグノスティックス社に買収される前までは、年間100億ドル以上の売り上げを誇っていました。その他にも、ヒトゲノム配列解読が話題となった2000年頃には、セレラ社やヒューマン・ゲノム・サイエンシズ社、ミレニアム社、インサイト社など遺伝子解析のベンチャー企業が登場しました。

このように、米国では経済的な成功をおさめるバイオベンチャーが次々と生まれています。

では日本と米国の違いはどこにあるのでしょうか。その大きな違いは、1980年頃からこれまでの間に、米国が様々な形でバイオベンチャーを成功させてきたという実績です。経済の素人である研究者が、資金を集めたり、経営をするには困難が伴います。経験やノウハウを持っている人材が、身近にいるかどうかはとても重要なことなのです。特にシリコンバレーには、資金面、人材面、研究シーズ、インフラなど新しくできたベンチャー企業の発展に必要なものが日本と比べて非常によくそろっています。

たとえば、資金面について考えてみましょう。バイオベンチャーは事業化してから黒字化までにおよそ10年、十分に収益をあげることができるようになるまでに平均して13年程度かかるといわれています。ベンチャー企業の多くはそれまでの間は無収入ですから、研究資金を確保しないといけません。この研究資金の投資額が、日本と米国では大きく異なるのです。図4-8を見ると、対GDPに比べていかに日本の投資額が少ないかがわかります。また、ベンチャー企業が立ち上げたばかりの頃（アーリーステージ）の資金、つまり会社を立ち上げるための施設費や設備費、人件費などをまかなうための投資も少ないことがわかります。米国には「エンジェル投資家」という個人投資家がいるのですが、彼らはアーリーステージへの投資でベンチャー企業の立ち上げを支援しています。しかし、日本には「エンジェル投資家」のような投資家がいないのです。

米国ではここ数十年の間に、投資家や投資を受けたバイオベンチャーが莫大な利益を生み出す、という循環ができてきています。そうした人たちが後継のバイオベンチャーに投資をして、次のベンチャーを育てていくような風土があるのです。

もう一つの要因として、数多くの研究シーズを生む土壌があることも挙げられます。たとえば、米国においては研究開発を新たにスタートさせるときのハードルが、かなり低く抑えられています。日本では、大学の研究機器を中古屋に下取りする、ということはできません。型が古くなって使われなくなった研究機器は、ほこりをかぶって研究室に転がっている状況です。

しかし、米国では使われなくなった研究機器は中古市場に流れます。比較的少額で研究機器をそろえることができるのです。また、企業が使うことができる研究設備も整備されており、米国には数多くのインキュベーション施設があります。インキュベーション施設は賃料が比較的安く、電話やインターネット、事務用品など企業の経営に必要な設備も整っています。基本的な研究機器が共同利用できる施設もあり、成長段階のベンチャー企業を支えてくれます。こうした場所に様々なベンチャー企業が集まるので、インキュベーション施設の中で情報交換を行うこともできます。さらに、投資家や投資企業などとの情報交換を促進しているイ

図 4-8　ベンチャーキャピタル投資額（2000〜2003年）

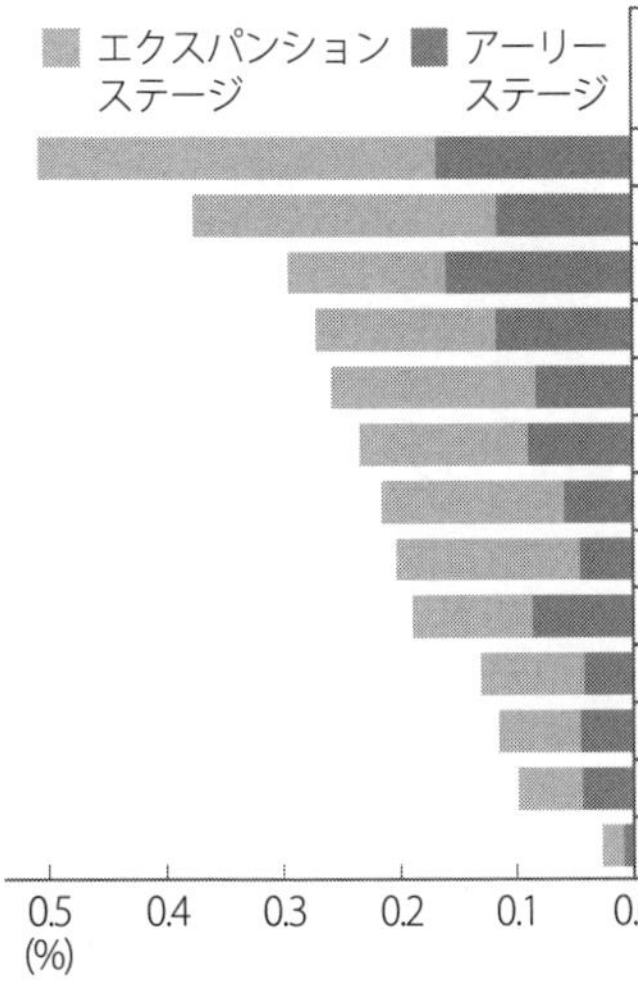

	エクスパンションステージ	アーリーステージ
アイスランド	0.341	0.167
米国	0.260	0.115
カナダ	0.136	0.158
韓国	0.156	0.114
OECD	0.175	0.082
スウェーデン	0.147	0.068
イギリス	0.157	0.058
オランダ	0.159	0.044
フィンランド	0.104	0.085
EU	0.089	0.041
フランス	0.073	0.043
ドイツ	0.056	0.042
日本	0.019	0.007

出典：OECD「OECD Science, Technology and Industry Scoreboard 2005」
注：日本，韓国は1998〜2001年，アイスランドは2000〜2002年の値

ンキュベーション施設も見受けられます。新しく起業をしたり、研究開発をする環境がこのようにしてつくられているために、日本に比べて非常に多くの人たちがベンチャー企業に関わっています。

さらに、様々な人材が育っているということも、成功の要素の一つでしょう。研究開発を進めるためには、生物学、化学、薬剤動態など様々な分野の研究者が必要です。また、事業開発を進めていく人材や技術を売って製薬企業を相手に交渉ができる人材、資金調達を進めお金を管理する人材も必要になってきます。シリコンバレーには、これまでのいくつもの成功例があるために、こうした人材が豊富にいるのです。

では、日本は今後どのようにしていけばいいのでしょうか。次の節で、日本におけるこれからのバイオビジネスについて、今後なにが必要なのかを議論します。

これからのバイオビジネス

これからの日本のバイオビジネスはどうなっていくのでしょうか。前節で書いたように、2008年以降、バイオへの投資が減っているのは事実です。しかし、そうした中で「成功の兆し」を見せた日本のバイオベンチャー企業もいくつかあります。リスクの高い事業に挑戦するベンチャー企業にとって、アーリーステージや成長段階における資金調達は非常に重要です。しかし、これまではベンチャー企業が研究開発費を十分調達できない状態が続いてきました。ところが最近になって、日本のベンチャー企業が国内外の研究企業と契約を結ぶ例が増えてきました。

図4-9は、日本のバイオベンチャーと製薬企業の主要な提携件数の年次変化を示したものです。製薬企業の主要な提携件数も2006年には3件だったものが2010年には15件と増え続けています。過去にはベンチャー企業が大手企業と技術的な提携も難しかった中で、少しずつ状態が改善されていると考えられます。

さらに、2000年頃から始まったインフラ整備に始まり、その後の10年にわたって日本でも様々な試みが進んできました。たとえば、大手企業自らが、社外の、あるいは自社内に作られたベンチャー企業に投資を行うような例が増えてきました。これを「コーポレート・ベンチャー・キャピタル」と呼びます。たとえばアステラス製薬は自社の研究開発を

図4-9　日本のバイオベンチャーと製薬企業との主要な提携件数

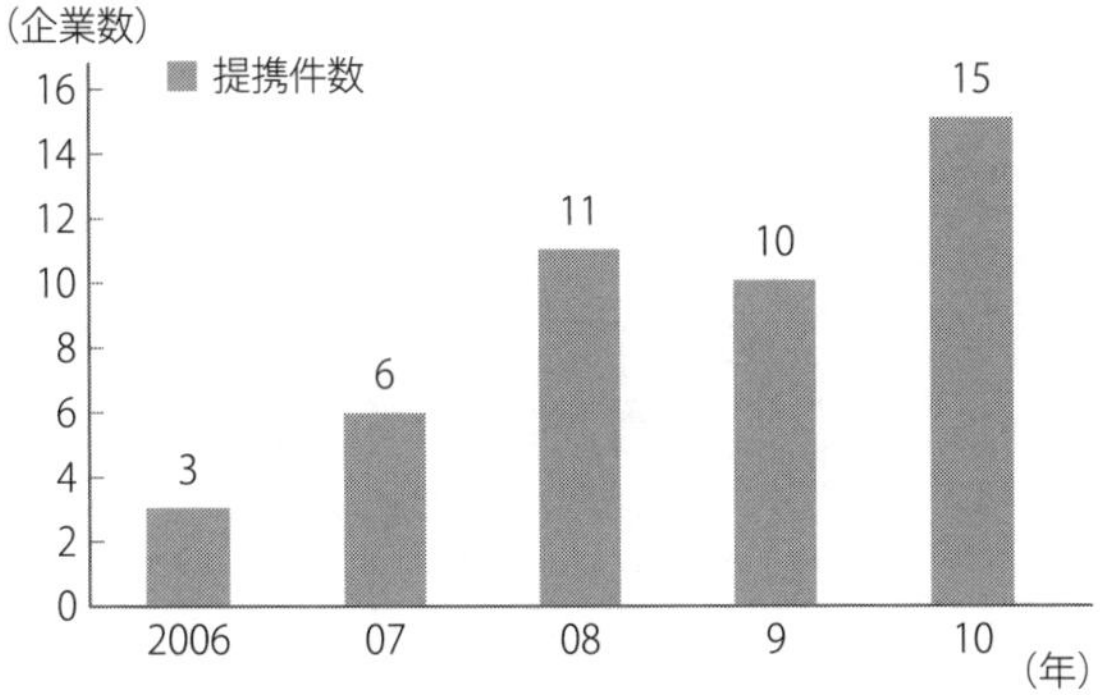

出典：各社ニュースリリースよりCDI集計

強化していくために2000年に、大日本住友製薬は市場を活性化するために2007年にコーポレート・ベンチャー・キャピタルを設立しています。大企業がさらなる収益を確保するためには、新規産業の創出が求められています。新規事業をすべて自社開発にすると、開発コストが高くなります。そのためにベンチャーへの投資を行う部署をつくり、成長段階の企業に対して投資を行っているのです。

また、米国と比べ、ベンチャー企業の成長段階においての投資が少ないことがいわれてきましたが、最近になって、起業段階や成長段階（アーリーステージ）において、研究投資を行う投資企業もでてきました。たとえば、株式会社東京大学エッジキャピタル（UTEC）などが挙げられます。UTECは、知的財産・人材を活用するベンチャー企業に対して投資を行うベンチャーキャピタル会社です。東京大学TLOや東京大学の知的財産推進本部、産学連携本部との密接な連携を軸に、大学の研究成果を社会に還元するというコンセプトを持っています。資本を出すだけでなく、企業価値の向上に向け、積極的に経営に協力し、日本の技術を世界の市場へ展開することを目指しています。日本で初めて黒字拡張のための上場に成功したテラ株式会社をはじめ、投資を収益に結びつけることに成功しています。

人材面においても様々な取組みが見られます。研究開発基金だけでなく、研究シーズの共有や人材面においてのネットワーキングを、各地方自治体が進めています。2001年から、経済産業省が主体となって進めている産業クラスター計画では、各地域の研究シーズや人材のネットワーキングおよびマッチングをするような試みが行われています。たとえば、関西地域にある大阪バイオ・ヘッドクオーターは、産学官が協力してバイオ産業を発展させるための土壌作りを目指しています。ここでは、その地域における研究シーズ、人材、設備、資本などあらゆる資源を集め、そこで新たな産業が生まれるための戦略立案やビジネスマッチングの支援をしています。さらに、11億円の資金を集めて大阪バイオファンドという投資会社をつくり、バイオ関連のベンチャーや中小企業への投資も行っています。

このように日本でも、バイオベンチャーによる新しい産業創出の土壌作りが、少しずつ進んでいるのです。

日本のバイオビジネスは、欧米に比べれば5年、いや10年以上も遅れている状況です。この遅れを取り戻すには、大学や民間の力だけでは抗いようもない部分もあります。バイオ産業は、国の規制（レギュレーション）によってある企業が守られたり、あるいは逆に新規参入を阻んでしまうということが起こります。逆の視点で見れば、政府がきちんとした戦略を作り、本気でバイオビジネスを育てようとすれば、まだいくらでもチャンスはあるのです。

２０１３年7月8日には、日本製薬工業協会はｉＰＳ細胞を使った薬剤の安全性評価ツール検証のコンソーシアムを立ち上げました。ｉＰＳ細胞を使った薬の安全性試験方法の評価をするのが狙いで、同協会に所属する日本の製薬企業26社が参加するまさにオールジャパンのコンソーシアムです。これはｉＰＳ細胞を使った創薬で、日本が主導権を握れる可能性のある大きなチャンスです。将来的には国のレギュレーションをも動かし、日本発のバイオビジネスがここから生まれ、世界を縦横無尽に駆け抜けていく日もくるのかもしれません。リスクを恐れずバイオビジネスに飛び込んでいく若者と、それを応援する社会をつくっていく必要があるのです。

⑤ 生命倫理

なぜ、いま生命倫理なのか

バイオテクノロジーのめざましい発展によって、私たちは遺伝子や細胞を自在に操作することができるようになりました。これによって、個人のゲノムを解読することや、失われた組織の再生、そして困難な遺伝病に立ち向かうことすらもできるようになったのです。

しかし、バイオテクノロジーは〝パンドラの箱〟かもしれません。物理の世界では、アインシュタインによって質量がエネルギーに変換可能であることが発見されて以来、私たち人類は、核戦争の恐怖に怯えて暮らす米ソ冷戦時代を体験しました。バイオテクノロジーも同様です。その先進性は時として、人類を脅かす刃になるかもしれないのです。

私たちの生活を豊かにする技術革新は、もちろん素晴らしいものです。しかし、私たちは新しい技術に出会うとき、十分な話し合いをせず、何のルールも作ろうとはせず、その技術の便利な側面だけに心を奪われてしまいがちです。あるいは逆に、新しい技術をただ恐れるだけで何の対策もせず、世界から置いていかれてしまうということもあります。たとえば、体細胞から生殖細胞を自由自在に作れるようになったらどうでしょうか。それはきっと、事故や病気によって子供を産むことができなくなってしまった夫婦にとって、待ちに待った朗報となるにちがいありません。しかし、一方でその技術は卵子を作ることも可能で、クローン人間をも容易に作り出せてしまうかもしれません。もしくは、女性の体細胞から精子を作り、女性同士のカップルから子供が産まれるようになるかもしれません。それは、許されることなのでしょうか？

皆さんは、病気の治療だとか、途上国の経済のためということであれば、それは「良いこと」として技術を肯定的に受け入れるでしょう。しかし、まったく同じ技術であっても、クローン人間の作製や、胎児の操作、ゲノム情報の売買などについては「悪いこと」として受け止める人が多いでしょう。ですが、宗教や個人の心情によって、あるいは同じ人であっても、置かれた境遇によって考えは変わってくるものです。たとえば、最愛の愛犬を失った人が、その犬のクローンを作ろうとしていたら、それをどう思いますか？　良いと思う人もいれば、駄目だと思う人もいるでしょう。では、最愛の息子を失った人がクローンの技術と出会ったら、その人は何を考えるでしょう？　あるいは、重篤な病気の遺伝子を持つ人が、自分の生殖細胞の遺伝子を〝修復〟できると知ったら？　それは、皆さんにも想像できるでしょう。

ほんの数年前まで、生命倫理の問題というのは私たちの身近な問題ではありませんでした。誰もが、クローンは〝スターウォーズの世界の話〟だと思っていたからです。あるいは、羊のクローン――ドリー――が誕生したときでさえも、「自分はクローンなんかには関係ない」と思う人が多かったかもしれません。しかし、個人のゲノムを読めるようになり、自分の皮膚の細胞から万能細胞や生殖細胞が作れるような段階になった今、私たちはもうこの問題から目を背けることはできなくなりました。火傷で皮膚を失ったり、臓器を失ったりしたときに、私たちは移植のドナーとなりうる細胞を作りだせる可能性を知ってしまったからです。自分のゲノムや細胞をもとに胎児を作れば、臓器や組織の〝予備〟が用意できてしまいます。もしそうやって人工的に胎児を作りだせるとしたら、その胎児の人権、人として生きる権利は、どう解釈すればいいのでしょう。逆に、技術が不完全なまま世論やマスコミの期待で基礎研究をないがしろにしてしまい、十分な安全試験をしないまま臨床研究に進んでしまう、ということもあるでしょう。

これらの論点に、簡単に答えはでません。人によって、国によって、宗教や経済状況、置かれた境遇によって考え方がまったく違うからです。しかし、議論することから逃げてはいけません。今、この瞬間にも新技術はどんどん生まれています。特定の国や団体だけで議論を完結することもできません。今や、生命倫理は人類共通の問題として、世界中の誰もが真剣に議論しなければならない時代になったのです。

本章では、本書で扱う様々なバイオテクノロジーのトピックに関連する倫理的な問題を紹介します。これらは、簡単には答えが出ないものばかりです。また、話題も非常に広く、植物の種子ビジネスから先進医療、個人情報や生命保険、基本的人権の問題など、多岐にわたります。現時点では、すべての問題を網羅できる専門家も皆無でしょう。これらはとても難しい問題です。しかし、生命とは何か、その尊さとは何かを個々人が考え、自分の意思で決断できることが求められる時代を、私たちは生きていかなければならないのです。

GM作物の開発と普及

GM作物の表記と流通

「この商品は遺伝子組換え作物を使用していません」

スーパーやコンビニでよく見かけるこの表記ですが、実は表示義務が特にあるわけではないことを、みなさんはご存知でしょうか?

この表示は、〝ある程度〟は正しく、対象の商品に遺伝子組換え作物が5%以上は含まれていないことを示しています。現在の表示制度では、遺伝子組換え作物の中で国が流通を認めた特定8品種（大豆、とうもろこし、ばれいしょ、なたね、綿実、アルファルファ、てん菜、パパイヤ）について表示ルールが定められています。

この表示ルールでは、

①「特定8品種について遺伝子組換え技術を主な原材料として使用していないもの」を「遺伝子組換えでない」、

②「特定8品種について遺伝子組換え技術を主な原材料として使用しているもの」を「遺伝子組換え」、

③「特定8品種について遺伝子組換え技術を主な原材料として使用したものと使用していないものの分別が確認できないもの」を「遺伝子組換え不分別」、

④「主な原材料として特定8品種を使わず、それ以外の原材料で遺伝子組換えを5％以上含むもの」については「遺伝子組換えではない」との表記をしてはいけない、

というように分類されています。

②と③については表示義務があり、①については表示は義務ではなく任意となっています。④については逆に表記を禁止しています。ただし、食用油や醤油などの食品の場合には、たとえ②であったとしても表示は義務付けられていません。これは、遺伝子組換えの痕跡である導入された遺伝子、またはその遺伝子の生産物であるタンパク質が検出できないためです。また、「主な原材料」とは食品を構成する原材料のうち上位3位以内のもので、かつ製品に

占める重量が5％以上のもの（水分を除く）を意味します。原材料の混入度合いがきちんと管理された加工食品であれば、仮に遺伝子組換え大豆が混ざっていたとしても、5％にギリギリ届かなければ、「この商品は遺伝子組換え作物を使用していません」と表記して良いのです。これは、穀物の流通の経路で、どうしてもわずかに混入してしまうことが避けられないため、5％までの混入は猶予されているのです。④の「それ以外の原材料」というのは、国内で流通が許されていない遺伝子組換えのことですが、これも100％除くことはできないので、「5％ルール」が適用されます。

上記の8品種以外の流通は国内では認められてはいないものの、この「主な原材料」や5％ルールがグレーゾーンになっています。

こうした表示制度は、遺伝子組換え作物の使用に関する情報を提供することで、消費者が自由な選択が行えるようにするためにつくられました。決して、遺伝子組換え作物を怖がらせることを目的としていませんでした。しかし、現実には表示義務がないはずの①の表記が世間に蔓延しています。なぜでしょう。

実は、消費者の間に蔓延した遺伝子組換え作物に対する負のイメージから、多くの小売業者が遺伝子組換え作物を含む食品の販売に消極的になり、遺伝子組換え作物の市場からの排除が起きてしまいました。このため、現在では表示する必要のない「この商品は遺伝子組換え作物を使用していません」という表記が氾濫し、「遺伝子組換え作物を使用している」、や

「使用と不使用の分別が確認できない」といった表示はほとんどみられないという状況です。皆さんは遺伝子組換え作物を取り巻くこの現状を、どう思われますか？

もう、あなたは食べている

皆さんもご存じのように、日本国内では遺伝子組換え食品のイメージは決して良くありません。スーパーなどで表示を確認して、遺伝子組換え食品を積極的に避けている方も多いでしょう。しかし表記ルールを見ればわかるように、実際には遺伝子組換え作物の混入について、１００％把握できるような表記にはなっていません。たとえば、遺伝子組換えの大豆を使っていたとしても、原材料の構成のうち割合が少なければ、表記しなければならない義務はないのです。また、５％のグレーゾーンや、食用油などといったそもそも表示義務のない原材料もあります。ですから、たくさんの種類の原材料が使われている加工食品や冷凍食品であれば、遺伝子組換え食品が入っていても、何ら不思議ではありません。仮に常に３％程度の遺伝子組換え作物が混ざっていると仮定すれば、毎日10〜50グラム程度の遺伝子組換え作物を食べていることになります。つまり、皆さんは、すでに食べているのです。

すでに食べている遺伝子組換え食品に対して、表向きは（あるいはすでに食べていることを知らずに）多くの人が遺伝子組換え食品を避けているのは、なぜでしょう。恐らくそれは、「なんとなく危険な気がする」であったり、「マスコミで問題にしているのを、どこかで聞いたことがあるような気がする」であったり、「食品の表記をみてなんとなく怖くなったから」という感覚的なものかもしれません。原因は不明ですが、それによって、とにかく日本で遺伝子組換え食品が避けられているのは事実ですし、遺伝子組換え食品に関する産業が日本にまったくないということも、事実なのです。

COLUMN

サントリーの青いバラ

日本で遺伝子組換え作物を研究している企業は多くありません。それゆえに、大学や大学院でバイオテクノロジーをせっかく学んでも、それを活かせる職場は増えていかないのが現状です。しかし、一部の企業では積極的に遺伝子組換え作物を研究開発しています。その一つがサントリーで、青いバラ「ブルーローズアプローズ」を研究開発しています。ここでは、パンジーという青い花の遺伝子を、アグロバクテリウムという土壌細菌を用いてバラに遺伝子導入しました。新聞でも大きく報道され、数少ない成功例といえるでしょう。もちろん、環境に悪影響がないように国の基準でカルタヘナ法（次ページのコラム参照）の審査をうけており、安全性は示されています。日本では、食品用の遺伝子組換え作物には抵抗感が強いものの、観葉植物であればさほど拒絶反応はおこらないようです。今後もこの分野の研究が盛んになれば、日本のバイオテクノロジーもさらに活況になるかもしれません。

ここまでは、遺伝子組換え作物の食品としての安全性について議論をしてきました。しかし、問題とされているのはそれだけではありません。遺伝子組換え作物の、環境に対する危険性についても、様々な懸念が指摘されています。

遺伝子組換え作物は、生態系への危険性があることで問題視されています。これはたとえば、薬剤の耐性遺伝子をもった作物を野外で栽培すると、花粉や種子が環境中に拡散してしまうためです。野生生物の地域個体群が持っていない遺伝子が、人為的な作用によって生態系に広がってしまうことを「遺伝子汚染」と呼びます。遺伝子汚染が起こると、その地域の個体群が保持していた遺伝子の頻度が減少したり、生物多様性が失われたりする危険性が指摘されています。

COLUMN

カルタヘナ法

遺伝子組換え技術によって、これまでになかった生物を作り出すことができます。たとえば、前述のサントリーの青いバラのように、天然には存在しない色の花を咲かせることも不可能ではありません。しかし安全性はどうでしょうか？　ウイルスを〝運び屋〟にして遺伝子を導入された生物は、そのウイルスをまた他の生物に感染させてしまう危険性はないのでしょうか。もしもそのウイルスが非常に病原性の高いものだったら、ちょっと怖いですよね。ですから、遺伝子組換え技術を使って生まれた生物について、ある程度は安全性について基準を設ける必要があります。また、米国の安全基準と、日本の安全基準でもし違いがあれば、現場は混乱してしまいます。ですから国際的な統一基準が求められます。それを決めた国際的なガイドラインが、カルタヘナ法です。

カルタヘナ法は、遺伝子組換え生物を環境中への拡散を防止しないで利用する場合の「第一種使用」と、実験室内から外部に漏れ出さないようにして利用する場合の「第二種使用」に分かれます。前者は農作物や前述の青いバラなどの場合、後者は大学や製薬企業の実験室などの限られた空間で生物を利用する場合です。第一種使用では、その生物が安全で、生物多様性に影響がないことを示す必要があります。先のサントリーの例では、承認を得るためになんと4年もの歳月が必要だったそうです。

「遺伝子組換え」以外の方法でも、実は私たちは昔ながらの農業によって、実にたくさんの品種を作り出してきました。4章でふれたように、遺伝子工学が発達するはるか以前から、複数の品種の交配を繰り返し、病気への耐性や〝おいしい〟という性質をもつ作物をつくってきました。遺伝子組換えとの違いは目的の遺伝子を直接細胞へ導入しているかどうかの違いで、最終的に出来た作物に外来の遺伝子が組み込まれている点では、ほとんど同じです。4章では、分子育種を紹介しました。最新の遺伝子工学を用いて、昔ながらの育種をさらにスピードアップする方法も広まっています。しかし、この新しい育種技術においても、先の遺伝子組換えと同じような問題点、つまりこの作物が獲得した遺伝子が、まだ未解明の働きをしてしまい、なんらかの有害な物質が作られてしまうかもしれない、あるいは、この作物の花粉の飛散などによって、遺伝子汚染がおこってしまうかもしれない、という問題点があるのです。

しかしこの新しい育種技術についてては、それを心配する人はほとんどいないですし、マスコミも特に騒ぎません。遺伝子組換え技術も、分子育種技術も、作物に新しい遺伝子を獲得させるという点では、まったく同じことです。それなのに、遺伝子組換え作物に対するイメージだけが、なぜこんなにも悪くなってしまったのでしょう。

私たちは、危険な技術と向き合って生きていく必要があります。毎日死者を出す自動車や墜落事故を起こす飛行機に、どうして私たちは乗るのでしょう。遺伝子組換え技術は、危険性はあるかもしれません。しかし、その技術のもたらす恩恵に目をつぶり、ことさら危険な側面のみを強調しても、技術は育ちません。結果として、遺伝子組換え食品の開発をする企業は、日本では皆無になってしまいました（表向きには、ですが）。しかし、大学で遺伝子組換え技術を学ぶ学生はたくさんいます。日本が科学技術を国の発展の柱とするならば、今一度、技術の危険性と利便性、そして産業の育成について見直す必要があるでしょう。

遺伝子組換え作物を取り巻く現状は、社会的な側面が強いものであるため、技術の進歩のみによって解消できるというものでもありません。しかし、この本を読んでいる皆さんには、技術の発展を注視していってほしいと思います。こうした技術と社会、生活にまたがる問題について、最も良くないのは多くの人が無関心のまま、まわりの意見に流されていくことでしょう。イメージだけで新しい技術に対する嫌悪感を抱くことなく、きちんとした知識を持って、遺伝子組換え作物の是非について考え続けることが必要なのです。

COLUMN

遺伝子組換え食品の安全性の確認

遺伝子組換え食品を輸入・販売するには、厚生労働省の審査をパスする必要があります。遺伝子組換えでつくられた植物といっても、基本的にはこれまで伝統的に食べられていたものと、ほとんどが同じ組成だと考えられます。その安全性は、遺伝子組換えによって生じた、なんらかの新規もしくは欠損した部分のみを比較して、評価します。たとえば、植物のゲノムの一部に、農薬などの耐性遺伝子を導入したり、より甘くするためにある酵素の遺伝子を導入したりした場合、それらの遺伝子産物であるタンパク質の量が評価の対象となります。これらのタンパク質が通常の10倍増えたり、あるいは欠損したりした場合に、人の健康に影響を与えるかどうかが要点となります。他にも、遺伝子組換えに使ったベクターの構造や、遺伝子を挿入されたゲノム領域の周辺の遺伝子への影響も調べられます。

審査は、厚生労働省が受け付けをして、内閣府の食品安全委員会において審議をうけます。大学の研究者や民間の学識者などを交えて、総合的に判断をします。ただし、遺伝子組換え食品については世論の厳しい目がありますので、審査は容易ではないというのが実態です。

図 5-1　遺伝子組換え食品の安全性に関する審査の流れ

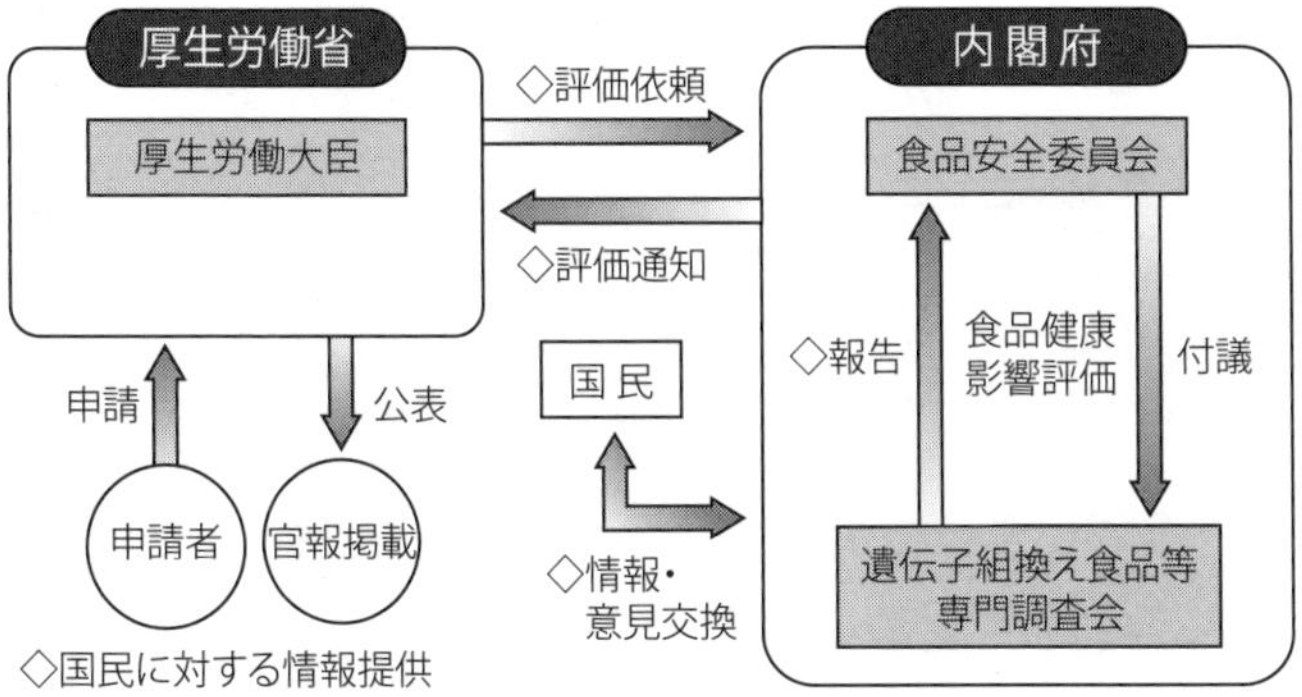

ポストゲノム社会の到来――遺伝情報をどう扱うべきか

ゲノムは究極の個人情報？

あなたの夢は、宇宙飛行士になること。そのために、あなたは死に物狂いで勉強しました。体を鍛え、あらゆるテストで好成績を残しました。さあいよいよ、採用試験です。試験では、何をするでしょうか。血液を採取します。それだけです。

「もう、おしまいです。お帰りください」

「え？　納得できません。理由を説明してください」

「ゲノムが、あなたのゲノムが、宇宙飛行士には向いていません…」

２００３年、ヒトゲノム解読の完了が宣言されました。しかしこれはゲノムといっても、世界中の研究機関がバラバラに解析した情報を集めたもので、どこかの「鈴木さん」や「マイケルさん」といった、個人のゲノムの情報ではありませんでした。個人のゲノムが世界で始めて公開されたのは２００８年の論文です。

さて、個人のゲノムとは何でしょう？　端的に言えば、ゲノムは個人を識別する指紋やＩＣタグみたいなものです。一卵性双生児と人工的に作ったクローン人間を除けば、ひとりとして同じゲノムを持つ人はこの世にいません。ゲノムには、その人の個性のもととなる遺伝情報、病気のなりやすさなどの重要な情報が含まれています。ＩＣタグに金融機関情報が含まれているのと同じように、この情報はとても重要で、簡単に他人に見られてはならないものです。

しかし、指紋やＩＣタグと決定的に違うことがあります。それは、複製が容易で、簡単に他人にそれが渡ってしまうことです。

ゲノムは、「Ａ」「Ｔ」「Ｇ」「Ｃ」という4種類の塩基の組み合わせで書かれたデジタル情報のため、ＤＮＡシーケンサーによって解読され、パソコンのデータファイルとして扱うことができるようになりました。企業の顧客情報がファイル交換ソフトなどを経由して、インターネット上に流出してしまう事件と同じく、ゲノム情報も、同じ危険を伴います。一度パソコンに取り込まれたゲノム情報は、簡単に持ち出すことができてしまうのです。

ゲノム情報が流出してしまうと、どんな不利益が考えられるでしょう。よく指摘される問題として、生命保険会社に利用されてしまう、ということがあります。生命保険会社は、顧客の健康状態に高い関心をもっています。丈夫な健康体で、何の病気にもかからず、長生きしそうな顧客は優良な顧客です。しかし、不健康で、不摂生な生活をして病気がちな顧客は避けたい。そんな生命保険会社がゲノム情報を入手したら、ゲノム情報からわかる病気にかかる可能性を尺度にして、保険料を設定するかもしれません。たとえば、「30歳までに糖尿病にかかるリスクが50%なら、保険料は2倍です」というように。

もし、あなたが「30歳までに糖尿病にかかるリスクが50%」というゲノムを持っていたらどうしますか。あなたは、糖尿病のことをよく調べ、毎日の食生活を見直すでしょう。そして、結果的に糖尿病を発症しないかもしれません。しかし、その努力は報われないでしょう。生命保険会社はゲノムの情報をもとにソロバンをはじき、保険料を決めてしまうからです。なぜなら、ゲノムの情報をもとに保険料を算出するのは、とても簡単だからです。保険料が高くなるだけなら、まだましかもしれません。そもそも保険加入を断られてしまうことだって考えられます。

次の問題はどうでしょうか。あなたに年ごろの娘がいたとします。娘が彼氏を連れてきて、結婚したいと言っています。彼は容姿端麗で、学歴も申し分なく、仕事も順調だといいます。しかし、あなたはあるとき偶然に、彼のゲノム情報がインターネット上に流出していることを見つけてしまいました。それによると、彼は非常に重篤な遺伝病のリスクを抱えているのです。生まれる子供の50%が、その遺伝病を発症してしまうといいます。さて、あなたは娘の結婚を、どう思うでしょうか?

問題はまだあります。ゲノムは指紋やICタグのようなものだと述べました。指紋やICタグの情報は、親戚はもちろん、親や兄弟ともまったく違うものです。しかし困ったことに、ゲノム情報は親や兄弟、もちろん親戚でも似てしまうのです。万が一にも誰かの個人のゲノム情報が流出してしまったときは、その家系に連なる全員のゲノム情報が流出してしまうことになります。ゲノム情報はよく「究極の個人情報」ともいわれますが、実際には「究極の家族情報」ともいえます。

重要なことは、上記で提起した問題は、決してフィクションではないことです。次世代シーケンサーで世界シェアトップを誇るイルミナ社CEOのジェイフラットレー氏は、２０１９年には新生児のゲノムが読まれる時代がくることを予想しています（出典：MIT Technology Review, https://www.technologyreview.com/s/513691/prenatal-dna-sequencing/）。２０１９年というと、あまりにも身近な未来だと思いませんか。しかし、ゲノム解読のコストは凄まじい勢いで下がっています。今後は健康診断や治療のために、次世代シーケンサーが様々な場所（個人経営の病院や学校、民間企業など）で使われる時代が到来するでしょう。この時代のうねりは、誰にも止めることはできません。映画『ＧＡＴＴＡＣＡ（ガタカ）』（次ページのコラム参照）のような時代が、今、私たちの目の前に迫っているのです。

COLUMN

『GATTACA』

「お子さんの将来のためですよ」

受精卵の選別と、有害遺伝子の排除操作を行う医師のセリフ。ヴィンセントの弟、アントンの受精卵を選ぶシーンだ。両親は完全な遺伝子を求めたわけではなく、健康な子供ならそれでよかった。しかし、医師の言葉に押されてしまう。誰しも、子供の可能性を少しでも大きくしたいと思うもの。そんなささやかな親の希望によって、遺伝子操作は社会を飲み込んでいく。

この世界では〝異常〟だとみなされる自然分娩で生まれたヴィンセントは、生まれて30秒後には自分の運命を知らされる。ゲノムが解読されるだけでなく、様々な疾病にかかる確率が読み上げられ、しまいには余命30年であることが宣告される。この時代、人は肌の色で差別はされない。差別は科学によってもたらされる。遺伝的に優れた適格者は、そのゲノムによって職業が決められる。

不適格者の烙印を押されたヴィンセントには、遺伝子差別によって清掃員として働く人生しか残されていなかった。しかし宇宙飛行士になって宇宙の旅を夢見る彼は、事故で動けなくなった元オリンピック選手の適格者、ジェローム の替え玉になる道を選ぶ。頭脳と体力でハンデをもつヴィンセントは、果たして宇宙飛行士になれるのだろうか。

映画が公開された1997年は、ヒトゲノムプロジェクト真っ盛りの時代。しかし、一般にゲノムについての知識はそれほど広まっていなかった。当時の生物学の教科書でさえ、「ゲノム」についての解説に割くページは少ない。携帯電話がこれだけ普及することを誰も予想できなかったように、この時代にゲノムがこれだけ普及するようになることを誰が予想できただろうか。当時の科学者でさえ、いや、5年前だって想像することは難しかった。それだけゲノム解読技術は、あらゆる予想を凌駕して急速に進んでしまった。

物語は、ハンデを乗り越えるヴィンセントだけに脚光が当たるわけではない。ヴィンセントに身分を提供したジェロームもまた、自らの最高の遺伝子に翻弄される人生を歩む。適格者として生まれたはずの弟アントンと、自らの努力で道を切り拓く兄ヴィンセントとの交錯も見どころだ。遺伝子を修正して生まれてきた適格者たちは、本当に幸せだったのだろうか。

近い将来には、新生児の全ゲノムを読む時代が到来するという予想もある。2014年にはゲノムを1000ドル（約10万円）で解読する技術が現実のものとなった。未来の子どもたちはヴィンセントなのか、あるいはアントンなのか。それを決めるのは、あなたかもしれない。

ゲノムもプチ整形？

昔は「整形」というとネガティブなイメージが先行していました。しかし、韓流アイドルが流行とするようになり、日本でもプチ整形が市民権を得たと言われています。一重を二重に整形したり、頬骨を少々削ったりするくらいなら、それはお化粧の延長線上だというのです。では、ゲノムを少々変更する、というのはいかがでしょうか？

ゲノムのプチ整形は、まずは病気の治療という目的で検討されています。特定のタンパク質を作れないという病気の場合、そのタンパク質の遺伝子をベクターに組み込み、それを体の組織に導入して必要なタンパク質を作らせるという方法があります。たとえば、インスリンを作ることができない糖尿病患者に対して、正常なインスリンの遺伝子を組み込んだ外来の細胞を、患者の組織に移植するという方法が考えられます。ただ、ここで使う細胞は患者自身の細胞ではないため、拒絶反応のリスクが生じてしまいます。そこで、iPS細胞を使うことが考えられています（1章（39ページ）を参照）。患者の皮膚から細胞を採取し、iPS細胞を作ります。この細胞のゲノムに正常なインスリンの遺伝子を組み込み、移植に適した細胞に分化させた後、体に戻すというものです。理論上は、こうすれば拒絶反応もなく、インスリンを安定的に体内で作り出すことができるようになります。

これは治療を目的とした行為ですが、しかし同じ方法を使えば、実は治療以外の応用も十分に考えられます。しかし、それは必ずしも万人が納得する方法ではないかもしれません。

たとえば、ゲノム・ドーピングです。スポーツ界では、活躍したスター選手が、実は禁止薬物のドーピングをしていた、という事件は後を絶ちません。スポーツファンはがっかりするばかりですが、栄誉や収入のためについつい手を出してしまう選手も多いようです。しかし、薬品を使ったドーピングの場合、体が様々な反応をしてしまいますので、血液検査や尿検査でばれてしまうのです。残念なことですが、オリンピックでは、このドーピング検査によってメダルが剝奪《はくだつ》される選手が後を絶ちません。では、まったくばれないドーピングがあったとしたら、どうなるでしょうか？

それは、先のインスリンの方法と同じように、今度は成長ホルモンや男性ホルモンを作らせる遺伝子を使う方法です。あるいは、ｉＰＳ細胞を筋肉細胞に分化させ、それを直に自分の体に〝補強〟するような方法もあるかもしれません。未来になれば、体の組織はまるで車のパーツのように、自在に交換したり補強したりできてしまうかもしれないのです。しかも、それは自分の体由来の細胞や遺伝子なので、外部からではそれがドーピングなのかどうか、簡単には（あるいはまったく）判断はつかないでしょう。

陸上競技の世界では、「ブレードランナー」と呼ばれる選手が話題になったことがあります。ある事情で両足を失った陸上選手が、競技用の義足を用いて大変な好成績をとり、健常人と同じ大会に出場したのです。彼の置かれた厳しい境遇、たゆまぬ努力を知るスポーツファンは、彼の大会参加に惜しみない拍手を送ったに違いありません。しかしながら、彼と戦うことになる選手は複雑な心境です。

「あの義足は、健常人の足よりも性能が良いのではないか?」

ゲノム・ドーピングは、〝ドーピング〟ではなく、〝治療〟として不可避に行われることもあるでしょう。サッカーの世界的スターのメッシは、適切な成長ホルモンの投与によって、競技者として問題のない程度まで成長することができたことが、現在の活躍につながったのです。しかしこの治療によって、もしも平均よりも高い190センチメートルの身長になってしまったらどうでしょうか? それでも、ファンは彼に賛辞を送ったでしょうか。

未来においては、ブレードランナーやメッシのような選手に対して、より高度な再生医学を施すことができるかもしれません。両足を切断した選手には、足を再生し、そして治療の延長線上として、その腱や筋肉を健常人よりも強くしてしまうこともあるでしょう。あるいは低身長症の治療によって、結果的に健常人よりも身長が高くなることもあるかもしれません。そのような治療によってアスリートとして復活できた彼らを、スポーツファンはどう受け止めればいいでしょうか。これは非常に難しい問題です。なぜなら、治療とドーピングの間に、決定的な差がないからです。そして、そのような未来は、そう遠くないうちに実現してしまうかもしれないのです。

子供の幸福を祈って

『機動戦士ガンダムＳＥＥＤ』というアニメがあります。劇中では、遺伝子操作によって生まれた新人類（コーディネーター）と、遺伝子操作をしていない普通の人類（ナチュラル）が、地球の覇権をかけて争います。

コーディネーターは、良い子供をほしいという親の欲望から産まれます。子供の知能、運動能力はもちろん、瞳の色、肌の色、髪の色まで、親がオーダーメイドで自由自在に子供をデザインすることができるのです。そうして生まれた子供たちは当然のように優秀で、様々な才能を発揮します。

皆さんは、自分の子供のゲノムを変えたいと思いますか？　そんなこと、ただのアニメの設定で、荒唐無稽でしょうか？　まったく考えもつかない、想像を超えた話でしょうか？もし、あなたが重篤な遺伝病のリスクを持っていて、自分の子供は50％の確率でその病気を発症してしまうとします。しかし、あなたはどうしても子供がほしいと考えています。さあ、どうしますか？

マウスを使った最近の研究では、ｉＰＳ細胞から精子を作ることができる可能性が示されました。もしもあなたが遺伝病だったとしても、自分の皮膚からｉＰＳ細胞を作り、そのゲノムの中にある故障した遺伝子を正常なものと置き換えてしまい（相同組換え技術）、そのｉＰＳ細胞から精子を作ってしまうことができるようになるかもしれません。そうすれば、もう私たちは遺伝病に怯えることなく、子供を持つことができるようになるのです。

さて、あなたは遺伝病の治療のために、とある医療コンサルタントと精子を作る契約を結びました。このコンサルタントは、あなたのために様々な治療法を提案します。

あるとき、コンサルタントは言いました。

「あなたのゲノムには、重篤ではないが、リスクのある遺伝子が10個見つかりました。重篤ではないので健康保険が利かないオプションの契約になりますが、せっかくの機会なのでどうでしょう？　お子さんのために、この10個の遺伝子もついでに〝治療〟しませんか？」

あなたはどうしますか？　健康保険が効かないために高くつくかもしれませんが、あなたはその10個の遺伝子の〝治療〟を選択するのではないでしょうか。

コンサルタントは、さらに加えます。

「ところで、最近の研究によりますと、ＩＱが１５０以上の優秀な人物には、ゲノムにこのような遺伝子セットが存在することがわかってきました」

そう話して、遺伝子リスト（それと価格）の載ったカタログをあなたに見せます。

「ハーバード大学医学部の卒業生や、ノーベル賞受賞者のゲノムを調べた研究ですので、間違いありません。きっと、良い遺伝子ですよ」

コンサルタントは、別のカタログを取りだして、さらに続けます。

「お子さんも、明るい性格で、クラスの人気者になると良いですね。最近の研究によりますと、こういった遺伝子セットを持っていると、明るい性格になり、社交的で、社会で成功しやすくなると言われています。逆に、うつ病患者の調査では、この遺伝子セットを持たない場合が多いそうなのです。この遺伝子セットを持っていない人には、結婚もせず、引きこもりやニートになってしまう人もいるそうです。心配ですねぇ。まだ研究は基礎の段階で、はっきりとした因果関係は解明されてはないのですが。一応、ご興味のある方のためにリストには載せていますす。オプションは健康保険が効かないので、高額にはなってしまいますが……。しかし、遺伝子治療のための、お得なローンもございますよ」

そして最後に、こう加えます。

「お子さんも、良いお友達がたくさんできると良いですね」

あなたには、もう悩みなどありません。あるのは、かかる費用のことだけです。しかし、諦めていた子供を持てる喜びにくらべれば、そんなことはささいなことです。そして、その子供の将来のためであれば、どんな犠牲もいとわないでしょう。

きっかけは、子供を重篤な遺伝病から救うことでした。しかし、いつの間にか、あなたは「コーディネーター」を作ろうとしているのです。

「ヒト」はいつから「人」なのか――生殖医療と生命倫理

日本の憲法において、基本的人権は次のような権利を主張します。「平等権」、「自由権」、「社会権」、「請求権」、「参政権」。この中で「平等権」においては、「すべて国民は、法の下に平等」であり、「人種、信条、性別、社会的身分又は門地により、政治的、経済的又は社会的関係において、差別されない」ということが憲法によって守られています。

しかし、そもそも「人」が何であるかは書かれていません。「人」とは、なんでしょうか？ 戸籍がある人は、人でしょうか？ 日本に戸籍のない外国人はどうでしょう？ 国籍のある国に戸籍があれば、人でしょうか？ では、国籍も戸籍もないような、難民はどうなるでしょう。

これを議論するまえに、次の例を考えてみてください。

あるペット産業の実業家がいます。この実業家は、とても優秀なペットをつくり、それを販売して社会の役に立てようと考えました。優秀な研究者を集め、様々な実験をしました。

ドミン　正午だ。わが社ではサイレンが欠かせませんで、というのも、ロボットはいつ仕事をやめていいかわからないからなんです。二時間後に、攪拌槽をお見せしますよ。

ヘレナ　かくはんそう？

ドミン　ペーストをかき混ぜるすりこぎみたいなものですよ。一回一時間でロボット一〇〇〇体分の原料を混ぜることができます。他にも肝臓や脳とかをこしらえるタンクもあります。骨工場もご覧に入れましょう。それから、紡績機もいいですね。
ヘレナ　紡績機？
ドミン　ええ、神経や血管をつむぐのです。一度に何キロメートルもの消化管が流れていくんですよ。それからそれぞれの部品を流れ作業で組み立てて、うまく動くかどうか製品チェックをし、そして教育をほどこします。これはただ教えられたことを覚えるだけで、新しいことを思いつくというようなことはありません。本当に何でも覚えるんです。たとえば二〇巻の百科事典だと――（出典：青空文庫 http://www.aozora.gr.jp/cards/001236/card46345.html）

以上は、カレル・チャペック作の戯曲『RUR――ロッサム世界ロボット製作所』の一節で、優秀なペット、つまりロボットの製造工程を説明する場面です。ロボットは、私たちが普段使う言葉では機械仕掛けの作業機械を意味しますが、作中では「人造人間」ともいうべき表現がなされています。

ロボットは、私たちの言うことを忠実に聞く便利な〝生命〟です。しかし、人ではありません。さしずめ、〝ペット〟でしょう。しかし、ペットというにはあまりにも人間に近い存在です。もちろん、見た目はまったく普通の人間です。内臓の構造も、（作中の「ロボット」の設定にはないですが）ゲノムの構造も、人間と同じように作られています。しかし、彼らは自分を人間だとは思っていませんし、人間として扱われることもありません（もちろん、物語の進行とともにそういった関係はだんだんと変わっていきますが、ご興味のある方は原作をお読みください）。

とんでもないことですが、あなたは、ペットとして飼っていた「ＲＵＲのロボット」を好きになってしまいます。犬をかわいがるとか、そういうレベルではありません。そう、愛してしまったのです。そして、とうとう一線を越えてしまいます。そして、ペットは妊娠します。そして、かわいい赤ちゃんを出産します。そうです、子供ができたのです。喜ばしいことじゃないですか。愛する者同士から子供が産まれたのです。あなたには、幸せな家庭が……。

いや、ちょっと待ってください。その赤ちゃんは、人ですか？　それとも、ペットの子供ですか？

男女が逆なら、問題はないかもしれません。あなたが女性で、妊娠し、出産したなら、産婦人科の医師は間違いなく、あなたの子供に出産証明書をくれるでしょう（父親不明として）。たとえ父親がペットだったとしても、子供はすくすくと育ち、社会保障も受け、学校にも行けるはずです。しかし、あなたが男性で、出産したのがペットだとすると、事情は１

80度変わってしまいます。これは、なぜでしょうか。

子供が生まれると、出産証明書を医療機関から発行してもらいます。両親はそれを市役所に届けて、子供の名前を決めます。これによって、戸籍ができます。そのときから、社会はその子を人として扱うようになるのです。また、例外的に、妊娠中の子供も、人として扱われることがあります。ただ、それは胎児を死なせる事件のときや、胎児の親の遺産相続などの、特殊な事例に限られています。

このように出産証明書がない場合、たとえばペットがあなたの子供を出産した場合、通常の手続きでは出産証明書を得られません（そのペットを人だと言って医者を騙せば話はかわりますが）。当然、市役所は戸籍を発行しません。健康保険にも加入できませんし、子供は学校にも通えません。社会から、完全に締め出されてしまうのです。

しかし、たとえペットが出産したとしても、あなたにとっては愛するわが子です。あなたは立ち上がります。

「わが子に人権を！」

そう訴えて、協力してくれる人権団体と一緒に裁判を起こします。そして、あなたの涙ながらの訴えに世論が動き、とうとう法改正が。

「ペットが産んだ子供も、人として扱うべし」

あなたの勝利です。こうして、ペットも人として扱われる時代が到来し、あなたは子供と幸せに……。

あれ、何か変ではないでしょうか? いくらなんでも、ペットが人間って。いったい、どこがどう変なのでしょう?

COLUMN
ロボットとアトム

カレル・チャペックの『RUR――ロッサム世界ロボット製作所』が書かれたのは、今から約100年も昔。まだ人間の体の仕組みや細胞のことなど、詳細は分かっていなかった時代です。「ロボット」という呼び名は、「労働者」を意味する言葉から作られた造語です。「ロボット」という用語は現在では、「産業用ロボット」など、いわゆる機械じかけの何か仕事をする装置一般に使われる用語になっています。しかし、本来の意味は「人造人間」ともいうべきものです。作者はするどい洞察力で、未来の人造人間を予測していました。これは最近の再生医療とゲノム科学の進展により、もう理論的には可能性を議論することができるまでになっています。

「ロボット」は、見た目はどこからどうみても、普通の人間です。しかし、その正体はRUR社が製造販売する、機械人形です。物語は、このロボットたちの人権を訴える、ある少女の登場から始まります。この「ロボットの人権」という考え方は、手塚治虫の描いた鉄腕アトムにも影響を与えました。鉄腕アトムは、事故で息子を失った天才科学者が、息子そっくりの機械をつくるところから物語がはじまります。アトムは機械でできた「人形」ですが、人間の代わりとして作られたのです。アトムはこの「人形」の目線を通じて、差別や迫害、そして人間とはなんなのか、ということを考えさせる作品として親しまれています。

チャペックの「ロボット」は、物語の後半には思わぬ方向に話が展開していきます。人としての権利、労働者としての権利、そして人間として生きていくことはどういうことなのか、ということを考えさせられる物語です。当時の社会情勢、共産主義の台頭などを考慮にいれながら読み進めると面白いでしょう。きっと、これで社会科の成績もアップ?

人と人以外の生物を区別することはできない

人は、出産証明書の有無でその存在が決まると、法律では定義されています。しかし、その定義は国会で決議があればいくらでも変更可能な、あやふやなものでしかありません。法律に絶対的な定義など、ありえないのです。

では、生物学的に人と人以外の生物を、厳密に区別することはできるのでしょうか?　実は、そんな区別はできないのです。

たとえば、あなたとチンパンジーを比べてみましょう。見た目はもちろん違います。片方は人間っぽい顔をしていて、もう片方はサル顔です（あたりまえですが）。しかし、細部をよく見ると、共通点が多くあります。手があり、足があり、指は5本、眼は二つ、鼻の穴は二つ、お尻の穴は一つ…。

人とチンパンジーでは、脳の重さが違います。成人男性の脳重量は約１４００グラムで、チンパンジーの場合は約４００グラムです。これが人の定義ですか？　脳の重さが１４００グラムなのが人だ、ということでは、小さな子供は人ではないことになってしまいます。

実際に、生物学的には人とチンパンジーの違いはわずかです。ゲノムの99％はそっくりですし、体を作っているタンパク質もほぼ同一です。違いがあるとしたら、染色体の数です。

常染色体と性染色体とを合わせた数は、人では46本、チンパンジーは48本です。本数だけではなく、染色体の大きさや遺伝子の位置関係も若干違います。このため、人とサルでは、子をつくることができないと考えられています。染色体のセットが合わないので、細胞が異常になってしまうのです。万が一できたとしても、生殖能力は持たないでしょう。たとえば、馬とラクダをかけあわせて生まれた「ラバ」は、生殖能力を持ちません。生物学では、二種類の生物が同種か別種かを見分ける方法の一つとして、生殖能力のある子ができるかどうかを基準にする場合があります。この方法で判断すると、人とサルは別種となります。

しかし、遺伝子工学を手にした私たちにとって、そんな種の壁などは本質的な問題ではなくなります。たとえば、すでに動物では技術として確立しているクローン技術は、従来の生殖様式によらず個体を増やすことを可能にしました。サルのiPS細胞に、人のゲノム情報を書き加えたらどうでしょう？　その細胞から受精卵をつくりだし、個体を発生させたら、それはサルでしょうか？　それとも、人でしょうか？

私たち人類は、便利なものがあれば貪欲にそれを使ってきました。人のゲノム情報を書き加えたサルが便利であるならば、それを使う人は現れてもおかしくありません。たとえば、「主人の言うことをよくきく、利口な召使いのサルが欲しい」。そう考えたペット業界の実業家が、チャペックの「ロボット」を作るかもしれないのです。

荒唐無稽な話でしょうか？　高齢化が進む社会では、現実にロボットのニーズが高まっています。老人や病人を介護するロボットや、単純に癒しを目的とするロボットです。これらはメカトロニクスをベース技術にしたロボットですが、その代替としてペットを求める人もいるかもしれません。「より賢く、より人に近く、……」そういうニーズがある限り、技術はその方向に向かって突っ走っていくのです。

生命科学立国をめざすために

生殖医療がもたらす脅威は、核兵器のように物理的、病理的に人類に襲いかかる脅威ではありません。しかし、脅威は私たちの心の中を襲います。世間が許さないことでも、あなた個人にとっては大事なことかもしれません。遺伝病の治療によって子供を授かったとき、子供のより良い将来を思い描くのは、どの親も同じです。しかし、その〝歯止め〟は人によって、さまざまかもしれません。そしてそれがビジネスに結び付けば、凄まじい勢いで加速することでしょう。小さな国では、それを国家的な産業として取り組むかもしれません。

規制は難しい

私たちは、ある技術がとても危険であることを知ったとき、それを規制することができます。たとえば、遺伝子工学が環境に与える影響を懸念されたとき、研究者たちは独自に自分たちの研究を規制し、共通の会議をもって研究のガイドラインを作りました（280ページのコラム参照）。しかし、これは実験方法の安全基準などを議論したものでしたが、研究の目的まで制限するものではありません。研究の目的は、研究者個々人の自由な発想に任されているからです。

米国のブッシュ政権でＥＳ細胞研究が禁止されたときも、それに強制力はありませんでした。禁止といっても研究費がつかなくなるだけで、民間の研究機関であれば自由に研究できたのです。反対する人が多くても、支持する人も多かったからです。テロリストが地下に隠れて実験するのではありません。映画スターや有名人が堂々と、率先して研究を支援する場合もあるのです。そのような場合、たとえ特定の国で研究を禁止したとしても、国外でやればいい、ということになるでしょう。それがもし、政情不安定な国であったり、独裁国家、テロ支援国家であれば、大きな問題となります。

「倫理的に議論があるから、とりあえず規制して研究を凍結する」

これは、方法としては容易ですが、決して有効ではありません。凍結しているあいだ、専門家は研究ができる他の国に移ってしまい、そこで研究はどんどん進んでしまいます。後で研究を再開しようとしても、すでに専門家はいません。研究が進んで

図 5-2 「ヒト」はいつから「人」なのか？

いる他国の基準を押し付けられ、二度と抗することはできなくなります。研究の規制は問題解決から逃げているだけで、実際には何の解決にもならないのです。

COLUMN

アシロマ会議

1970年代は、遺伝子組換えの技術が発明されたことで、生命科学が大いに進展した時代です。害虫や農薬に強い作物、病気の治療など、夢の技術がまさに現実のものとして議論できるようになったのです。しかし一方で、その技術が悪用されたり、研究途中の危険な病原菌が外部に漏れたりしてしまったら（バイオハザードといいます）、いったいどうなるでしょうか？　たとえば感染力の強いインフルエンザウイルスに、致死性の毒素を発現する遺伝子を組み込んだら、核兵器よりも恐ろしい兵器になります。なんてぞっとする世の中になってしまったのでしょう。

そんな不安を科学者たちも抱いていました。そして1975年、研究者たちは自ら実験を止め、アメリカのカリフォルニア州アシロマにおいて、当時のトップ研究者たちを集めた会合を開いたのです。研究者たちが自ら率先してガイドラインを策定するなどということは、歴史上類を見ないことでした。

アシロマ会議は紛糾しましたが、「生物学的封じ込め」を徹底することで一応の決着をみました。遺伝子組換え生物を扱う場合には、その生物が外部に出て行かないように様々な規定が設けられました。これによって、大学や製薬企業での実験は世界共通の基準で、安全に行われるようになったのです。

生命科学のリーダーとして世界を牽引するために

代理母出産は日本では認められていませんが、インドでは国の公的機関が代理母出産を制度化しています。そうすると、インドは代理母先進国となり、この技術をリードすることになるでしょう。先進的な研究に興味をもつ優秀な研究者も、どんどんインドに移ります。代理母出産が認められない国では、その技術はますます空洞化していきます。

COLUMN

インドでの代理母出産

代理母とは、病気で子宮を摘出してしまったり、高齢のために子供を産めない母親に代わり、他の女性が自らの子宮を貸し出すというものです。子供の産めないカップルにとっては朗報となりますが、倫理的、法律的に様々な問題を抱えています。たとえば、子供の親権は子供を出産した母親（と配偶者）になるのが基本なので、代理母が妊娠中に胎児に愛着を抱いてしまい、出産後に依頼人である家族に子供を返さないという問題が発生しています。また、そもそも日本では禁止されていますので、不妊のカップルは国外に代理母を探すしかほかなく、海外でトラブルに巻き込まれる事例もあります。

そうしたなか、これを国家的なビジネスに育てようとする国があります。インドです。インドでは、代理母が合法化され、専用のクリニックも整備されます。清潔な施設で感染症の心配もなく、お金の受け渡しや出産した子供の親権なども国が管理しているのです。こうすることで、不妊カップルは安心して胎児を代理母に預けられるといいます。このビジネスは、インドでは１８００億円規模ともいわれ、他の国で法整備が遅れているあいだに急成長を遂げています。

影響は経済だけにとどまりません。このままいけば、妊娠のメカニズムや不妊治療における最新技術、優秀な人材もインドに集約されることとなるでしょう。代理母について、合法的に臨床研究ができるのはここだけだからです。日本はこのままで、良いのでしょうか。倫理的な問題があるからといって議論をやめるのではなく、むしろ積極的に議論を続ける必要があるのです。

たとえ倫理的な問題があったとしても、わが国は生命科学研究で他国に後れをとっていい理由にはなりません。

「科学技術は2番でも良いじゃないか」

こんなことを言う大臣も、日本にかつてはいました。しかし、科学技術は断トツで1番でなければならないのです。一度技術的に遅れてしまうと、技術が進んでいる国からそれを買わなければいけません。日本はソフトウェア産業で遅れをとったばかりに、マイクロソフトやアップル、グーグルに常に大金を支払い続けなければいけないことを、忘れてはなりません。

研究は推進させる。しかしもちろん、倫理をないがしろにしていいわけでもありません。むしろ、他国に先駆けて議論を深めることが重要です。たとえば本章でも議論したゲノム情報の扱いですが、個人情報保護法のように法律をきちんとつくり、違反者に対する刑事罰も厳格に運用することが求められます。研究と倫理は車の両輪です。研究を規制するのではなく、研究自体は活性化させつつも、倫理的な問題には法規制をしっかりと先回りして整備することが重要なのです。

生殖医療や、ゲノムの改変はどうでしょうか？　法律で、治療を特定疾患のみに適用できるようにすることは可能です。また、患者に治療方法をコンサルティングする業者も資格制度化し、きちんとした国のガイドラインを守らせることもできます。無免許でコンサルティングした場合の罰則規定も整備する必要があるでしょう。法整備が先にされれば、研究者は安心して研究に打ち込めるようにもなります。このように、早期に法整備を敷くことで倫理の問題の混乱を避けることができ、さらに研究を推進することにもつながるのです。

生命科学研究は進展が早く、議論が追い付かないとよく言われます。しかし、本当にそうでしょうか。本章では約１００年も昔の戯曲から引用する部分もありましたが、議論のためのヒントはもう十分用意されています。人間の想像力が、研究現場よりも遅いということは決してありません。生命倫理の問題を他人任せにせず、自分自身の問題として、私たちは取り組んでいかなければならないのです。

ブレインマシンインターフェース

「念じただけで機械を動かす」。こんな夢のような技術が現実になりつつあります。脳と機械を直接つなぐ技術を「ブレインマシンインタフェース（BMI）」といい、アメリカを中心に研究が進んでいます。この技術が実用化すれば、障害者や高齢者の身体機能を補助することができ、高齢化が進む日本でも役立つことが期待されます。

脳の情報処理には電気信号が用いられています。脳内の電位を測定し、その情報を機械に入力することによって機械を動かす、というのがBMIの基本技術です。

BMIの実用化には、脳の活動を素早く測定する装置に加え、「脳内で表現されている情報」と「脳が指令するように機械を動かす情報」を対応させるプ

ログラムが必要です。現段階では、主に後者の方に課題が数多くあります。脳や神経の動きにはまだわかっていない部分も多く、今の技術では、脳の状態を見ただけでその人が何をしようとしているのかを完全に知ることはできていないのです。

課題があるとはいえ、ＢＭＩは実用化に向けて確実に進歩を遂げています。２０００年には、アメリカの研究グループが、サルの脳に電極を埋め込み、神経の活動状況によってスクリーン上のカーソルを移動させる装置を作成しました。また２００８年には、サルが自分の神経の活動を通じてロボットアームを操作して、餌を食べられるようになった、という報告がなされています。ヒトに関しても、２００９年、電動車いすやロボットを操作する装置が作成されましたが、精度の低さ、規模の大きさから実用化には至っていません。

●参考文献

1. M.A. Lebedev *et al.*, 2006. "Brain-machine interfaces : past, present and future" *Trends in Neurosciences*. Vol. 29, 536-546
2. Velliste M. *et al.*, 2008. "Cortical control of a prosthetic arm for self-feeding" *Nature*. Vol. 453, 1098-1101
3. 長谷川良平、２００８年、「ブレインマシン　インタフェースの現状と将来」『電気情報通信学会誌』、91巻、12号

ワクチン

予防接種とは、ワクチンを体内に投与することです。予防接種により、病原微生物に感染する前に弱体化させた病原微生物やその一部（抗原といいます）を体内に取り入れることで、免疫をあらかじめつけることができます。ワクチンの開発は世界中で行われており、今後もさまざまな病気の予防に役立つと期待されています。現在開発中の最新型ワクチンを二つ紹介しましょう。

①ＤＮＡワクチン

病原体の遺伝情報をコードするＤＮＡを体内に投与することで、自然免疫系を刺激し、強い免疫力を得ることができます。ＤＮＡは合成が簡便で生産コストが低い点が長所で、

C型肝炎ウイルスやエイズウイルスに対するワクチンとして研究が進んでいます。

②粘膜ワクチン

病原体の多くは鼻や口、消化器などの粘膜から侵入します。粘膜の免疫力を高め、体内に侵入する前に粘膜で病原体を倒すことが期待されています。従来のワクチンと比べると、注射ではなく噴霧のため、経口で投与可能な点が大きな長所です。また、粘膜の免疫系は、病原体のタイプを厳密に区別しないので、さまざまな型の病原微生物に効果が期待できるという利点があります。

これらのワクチンは、病気の予防としての効果だけではなく、作りやすさ、使いやすさも重視していることが大きな特徴で、設備等に課題を抱える発展途上国での利用も期待できます。安全性の問題からヒトへの投与はまだ認められていませんが、ペットや家畜、養殖魚ではすでに利用されており、日々研究が進められています。

将棋プロ棋士は脳のどこを使っているのか？

将棋では、プロ棋士は直観(1)的に次の一手を指し、それが勝敗を決する手になることがあります。そして直観の有無はプロ棋士とアマ棋士の分かれ目だとも言われています。プロ棋士が直観を働かせるときの脳の働きは、何か違うのか。そんな疑問に科学のメスを入れた研究があります。

研究グループはｆＭＲＩ(2)装置内に入ったプロ棋士とアマ棋士に詰将棋などの問題を見せ、盤面を解くときの脳活動を測定しました。その結果、アマ棋士では大脳皮質（通常思考するときに活動する部位）での活動だけが見られたのに対し、プロ棋士では将棋盤面を見て駒組を認識するときは大脳皮質頭頂葉の楔前部《けつぜんぶ》（空間を認識する部位）が、最適な次の一手を直観的に導き出すときには大脳基底核の尾状核《びじょうかく》（運動に関わる部位）がそれぞれ活動していました。楔前部と尾状核は通常は思考で使われない領域であることから、大変驚くべき結果でした。

プロ棋士は何年もの将棋の修行を通じて、初めは大脳皮質内の神経回路だけで行われていた将棋の思考過程が、楔前部と尾状核を直接結ぶ神経回路に埋め込まれていくと考えられます。それによって素人にはない直観を発揮することができるようになるのでしょう。将棋に限らず熟達者が素人には思いつかない的確な判断を一瞬で下すときには、このような回路が働いているのかもしれません。こうした直観思考の解明は、脳の仕組みの謎を解くヒントになるのです。

（1）直観（intuition）：推理を用いず、直接に対象をとらえること。ひらめきとは異なる。

（2）fＭＲＩ（機能的磁気共鳴画像）：神経活動に伴う血管中の酸素代謝量の変化をＭＲＩで測定することにより、神経の活動状態を測定する方法。

Wan X., Nakatani H., Ueno K., Asamizuya T., Cheng K., Tanaka K., "The neural basis of intuitive best next-move generation in board game experts" *Science.* 2011 Jan. 21 341-346

植物工場

農産物を作る工場。そんなＳＦに出てくるような植物工場が今、現実に動いています。

普通の農業では、天候などの自然環境に作物の出来不出来が大きく左右されてしまいます。しかし植物工場では、屋内で照明や空調、水および養分供給システムを整備することにより、天候に左右されずに農産物を大量生産することができます。また、新たな付加価値を持った農作物を作ることもできます。

植物工場の開発には最先端のバイオテクノロジーの知識が重要で、たとえば光合成にお

ける光の波長に関する研究が応用されています。太陽光には様々な波長の光が含まれていますが、植物はその光を受け取るため、細胞表面に赤色光受容体や青色光受容体などの光受容体を持っています。そして、それぞれの受容体は別々のシグナル伝達（細胞内の情報伝達）に関わっています。シグナルの中には、甘味を促進したり、植物の生長を促進したりするものがあります。

つまり、特定の波長の光のみを人工的に当てれば、植物に特定の応答だけを効率よく誘導することが可能になるのです。この性質を利用して、「赤色光の下で生育し光合成が促進され、甘みが増したリーフレタス」、「青色光の下で生育し、光合成活性を維持したまま伸長反応（光を求めてより大きくなろうとする反応）が誘導された巨大なチンゲンサイ」といった新たな付加価値を持った農作物を作ることができるのです。

植物工場はこのような技術を使って、新たな付加価値を持った農作物の生産、漢方薬の原料やハーブなど育てるのが難しく高価な農産物の生産、水不足に悩む中東・東南アジア地域での利用などで有効活用ができると考えられています。

●参考文献

漆原次郎、Japan Business Press（2011), http://jbpress.ismedia.jp/articles/-/12454

あとがき

この本は、生命科学系の大学生や大学院生、若手研究者によって執筆されました。扱っているテーマは、執筆者たちが実際に研究している分野や、これから生命科学を学びたいと考えている高校生にぜひ知っておいて欲しい話題などから選んだものです。

第1部では、現代の生命科学で中心的な課題となっている再生医学、遺伝子工学、ゲノム科学について解説しました。第2部では、生命科学の応用に関する日本の状況や、社会問題、倫理問題について解説しました。番外編では、日本ではまだあまり知られていない合成生物学という分野と、その国際コンテストである「ｉＧＥＭ」に参加した学生の物語をドキュメンタリー形式で紹介しました。

生命科学は日々進展しているため、執筆をしている最中に山中博士がノーベル賞に輝くなど、どんどん書く内容が増えてしまいました。その都度情報を更新して最新の状況を紹介するように努めてきました。本書を読んだ高校生が生命科学の最先端に少しでも興味を持っていただければ幸甚です。

本書を執筆するにあたり、本書の監修を快く引き受けてくださった石浦章一先生に感謝の意を表します。つぎに、本書を執筆する機会を与えてくださり、数々のご教示とご配慮をくださった日本評論社の佐藤大器氏に心よりお礼を申し上げます。最後に、この企画に参加してくださった生化学若い研究者の会 キュベット委員会のメンバーたちにもお礼を言いたいと思います。皆様、本当にありがとうございました。

著者を代表して　鮎川翔太郎

●監修・編集・著者

監修　石浦章一　東京大学大学院総合文化研究科教授

編集　片桐友二　東京大学大学院総合文化研究科博士課程

著者　生化学若い研究者の会 キュベット委員会

●著者一覧（五十音順、括弧内は担当章）（所属は執筆当時のもの）

浅野宏幸　京都大学大学院理学研究科（先端コラム）

鮎川翔太郎　東京工業大学大学院総合理工学研究科（先端コラム・番外編）

飯島玲生　大阪大学大学院生命機能研究科（4章）

一条美和子　東京大学大学院薬学系研究科（2章）
宇田川侑子　東京大学大学院薬学系研究科（2章・イラスト）
梅澤雅和　東京理科大学総合研究機構（5章）
大嶋秀明　東京理科大学薬学部（先端コラム）
大島（山田）由衣　東京工業大学大学院生命理工学研究科（イラスト・番外編）
梶畠秀一　大阪大学大学院情報科学研究科（1章・4章）
片桐友二　東京大学大学院総合文化研究科（3章・5章）
定家和佳子　京都大学大学院生命科学研究科（2章）
神馬藺子　東京大学大学院新領域創成科学研究科（先端コラム）
関田啓佑　東京理科大学大学院薬学研究科（5章・先端コラム）
武山　祐　東京工業大学大学院生命理工学研究科（先端コラム）
田代洋平　カリフォルニア大学デービス校化学科（3章・4章）
谷　友香子　東京大学大学院薬学系研究科（4章・イラスト）
豊田　優　東京工業大学大学院生命理工学研究科（2章）
中村　匡　大阪大学大学院工学研究科（番外編）
松浦まりこ　首都大学東京都市教養学部（番外編）
松原惇高　東京工業大学大学院生命理工学研究科（番外編）
松原由幸　名古屋大学大学院理学研究科（イラスト）
前廣清香　東京大学大学院理学系研究科（1章・先端コラム）
三田村圭祐　東京工業大学大学院生命理工学研究科（1章）
矢口邦雄　生理学研究所多次元共同脳科学推進センター（先端コラム・1章〜3章）
山元孝佳　東京大学大学院理学系研究科（3章〜5章）

監修
石浦章一
いしうら・しょういち

1950年生まれ。東京大学大学院総合文化研究科教授。理学博士。専門は分子認知科学。難病の解明をライフワークに，遺伝性神経疾患の分子細胞生物学研究を行っている。著書に，『遺伝子が明かす脳と心のからくり』（大和書房），『東大超人気講義　頭がよくなる遺伝子はあるのか？』（静山社）ほか多数，がある。

編集
片桐友二
かたぎり・ゆうじ

1978年生まれ。2010年東京大学大学院博士課程単位取得。理化学研究所発生・再生科学総合研究センター，同研究所脳科学総合研究センターを経て，現在は社会人学生として民間企業勤務をしながら学位論文準備中。著書に，『理工系・バイオ系失敗しない大学院進学ガイド』，『光るクラゲがノーベル賞をとった理由』（日本評論社，ともに分担執筆）がある。

著者
生化学
若い研究者の会
せいかがくわかい
けんきゅうしゃのかい

http://www.seikawakate.org
日本生化学会後援の下，生命科学分野に興味を持つ大学院生を中心に構成され，全国各地でシンポジウムやセミナーなどの活動を行い，若い研究者のネットワークづくりを進めている。

高校生《こうこうせい》からのバイオ科学《かがく》の最前線《さいぜんせん》
iPS細胞《あいぴーえすさいぼう》・再生医学《さいせいいがく》・ゲノム科学《かがく》・バイオテクノロジー・バイオビジネス・iGEM《あいじぇむ》

2014年8月25日　第1版第1刷発行
2016年8月25日　第1版第2刷発行

監　　修　石浦章一
編　　集　片桐友二
著　　者　生化学若い研究者の会

発 行 者　串崎　浩
発 行 所　株式会社 日本評論社
〒170-8474 東京都豊島区南大塚3-12-4
電話 03-3987-8621（販売）　03-3987-8599（編集）

印　　刷　精文堂印刷株式会社
製　　本　株式会社難波製本
ブックデザイン　原田恵都子（ハラダ＋ハラダ）

 ISBN 978-4-535-78653-0 Printed in Japan